住房和城乡建设领域施工现场专业人员继续教育培训教材

标准员岗位知识
（第二版）

中国建设教育协会继续教育委员会　组织编写

中国建筑工业出版社

图书在版编目（CIP）数据

标准员岗位知识/中国建设教育协会继续教育委员
会组织编写. —2 版. —北京：中国建筑工业出版社，
2021.8
住房和城乡建设领域施工现场专业人员继续教育培训
教材
ISBN 978-7-112-26493-3

Ⅰ.①标…　Ⅱ.①中…　Ⅲ.①建筑工程－标准化管理
－继续教育－教材　Ⅳ.①TU711

中国版本图书馆 CIP 数据核字（2021）第 169959 号

教材主要从工程建设标准实施的基本要求、建筑工程新标准、绿色建造技术和
建筑施工标准化建设四个方面进行编辑整理。结合标准员工作内容和专业技能需要，
通过标准化示范工程建设实践提升标准员工作技能，重点针对现行更新和出台的标
准和规范进行了要点综述，其中针对标准中的强制性条文进行了必要的说明。

责任编辑：周娟华
责任校对：张　颖

住房和城乡建设领域施工现场专业人员继续教育培训教材
标准员岗位知识（第二版）
中国建设教育协会继续教育委员会　组织编写

*

中国建筑工业出版社出版、发行（北京海淀三里河路 9 号）
各地新华书店、建筑书店经销
唐山龙达图文制作有限公司制版
北京市密东印刷有限公司印刷

*

开本：787 毫米×1092 毫米　1/16　印张：11¼　字数：279 千字
2021 年 10 月第二版　　2021 年 10 月第一次印刷
定价：**45.00** 元
ISBN 978-7-112-26493-3
（37939）

丛书编委会

主　任：高延伟　丁舜祥　徐家斌

副主任：成　宁　徐盛发　金　强　李　明

委　员（按姓氏笔画排序）：

丁国忠　马　记　马升军　王　飞　王正宇　王东升

王建玉　白俊锋　吕祥永　刘　忠　刘　媛　刘清泉

李　志　李　杰　李亚楠　李斌汉　张　宠　张克纯

张丽娟　张贵良　张燕娜　陈华辉　陈泽攀　范小叶

金广谦　金孝权　赵　山　胡本国　胡兴福　姜　慧

黄　玥　阚咏梅　魏傸燕

出版说明

住房和城乡建设领域施工现场专业人员（以下简称施工现场专业人员）是工程建设项目现场技术和管理关键岗位从业人员，人员队伍素质是影响工程质量和安全生产的关键因素。当前，我国建筑行业仍处于较快发展进程中，城镇化建设方兴未艾，城市房屋建设、基础设施建设、工业与能源基地建设、交通设施建设等市场需求旺盛。为适应行业发展需求，各类新标准、新规范陆续颁布实施，各种新技术、新设备、新工艺、新材料不断涌现，工程建设领域的知识更新和技术创新进一步加快。

为加强住房和城乡建设领域人才队伍建设，提升施工现场专业人员职业水平，住房和城乡建设部印发了《关于改进住房和城乡建设领域施工现场专业人员职业培训工作的指导意见》（建人〔2019〕9号）、《关于推进住房和城乡建设领域施工现场专业人员职业培训工作的通知》（建办人函〔2019〕384号），并委托中国建筑工业出版社组织制定了《住房和城乡建设领域施工现场专业人员继续教育大纲》。依据大纲，中国建筑工业出版社、中国建设教育协会继续教育委员会和江苏省建设教育协会，共同组织行业内具有多年教学和现场管理实践经验的专家编写了本套教材。

本套教材共14本，即《公共基础知识（第二版）》（各岗位通用）与《××员岗位知识（第二版）》（13个岗位），覆盖了《建筑与市政工程施工现场专业人员职业标准》涉及的施工员、质量员、标准员、材料员、机械员、劳务员、资料员等13个岗位，结合企业发展与从业人员技能提升需求，精选教学内容，突出能力导向，助力施工现场专业人员更新专业知识，提升专业素质、职业水平和道德素养。

我们的编写工作难免存在不足，请使用本套教材的培训机构、教师和广大学员多提宝贵意见，以便进一步修订完善。

第二版前言

为切实推行企业安全生产标准化管理的深入开展，指导或引导标准员日常业务工作的开展，编写人员定期组织修编了本书。

近些年，国内大型央企为适应国家发展战略方向，调整和深化工程建设行业服务业的发展需要，在工程质量和安全标准化建设方面又取得了更加深入的发展。创新与技术开发是当今社会发展的主流，企业更加注重新工艺申报发明专利，总结工程实践经验，组织编制新工法，完善和修订企业管理和技术标准，不断改进和完善企业的管理制度，提高企业在工程建设市场中的竞争力。其中凝聚了标准员的辛勤付出和巨大贡献。

三年来，无论是施工管理方面还是施工技术、材料及设备等方面，都涌现出了不少新技术、新方法、新技能，相应地出台了最新的工程建设推荐性标准，为此，本书根据最新标准更新调整了书中部分有关国家及建设行业的规范和标准，以保持内容的新颖性。

本书修编时，第2章规范和标准的更新调整由江苏建筑职业技术学院张贵良完成，第4章的修编由中国二十二冶集团有限公司李东兴完成。

由于编者水平有限，书中难免会有一些疏漏和不足之处，恳请读者予以批评、指正。

编者

第一版前言

　　知识经济时代的继续教育是人才资源开发的主要途径和基本手段，越来越多参加继续教育的专业人员希望掌握该领域的特殊知识和技能，以便确立其自身的专业地位。建设工程施工现场的专业技术人员可通过继续教育，进行知识更新、补充、拓展和能力提高，从而进一步完善知识结构，提升创造力和专业技术水平。考虑到标准员在建设施工企业业务发展中的特殊职业岗位需要，编写人员根据《住房和城乡建设领域施工现场专业人员继续教育大纲》的要求，结合标准员职业能力评价考核用书的内容，组织编写了标准员继续教育用书。

　　五年来，建筑专业技术又有了很快地发展和提高，涌现出了不少新技术、新方法、新信息、新技能，出台了最新的工程建设推荐性标准，原有的国家及建设行业的规范和标准大部分也进行了调整，这在工程实践中也需要做出更新和完善。所以，在这次继续教育用书编写中，予以了重点考虑。同时，结合国家发展战略方向及住房和城乡建设部相关政策文件规定，为适应当前企业标准化建设的需要，本书汇编整理了工程建设质量和安全标准化建设的规范和标准化内容。创新与技术开发是当今社会发展的主流，在工程建设实践中不断进行技术创新，探索新工艺申报发明专利，总结工程实践经验组织编制新工法，完善和修订企业管理和技术标准，不断改进和完善企业的管理制度，提高企业在工程建设市场中的竞争力，这都是标准员履行岗位职责，贯彻执行企业规章制度的必然要求。创新和技术开发内容也是这次标准员继续教育用书的重点编写内容。

　　本书突出职业岗位特点，注重理论联系实际，解决实际问题，重在实践能力和动手能力的培养。教材既可以作为标准员继续教育使用，也可以作为企业在岗从业人员知识和专业技能水平提高的参考用书。内容编排上既保证全书的系统性和完整性，又体现内容的先进性、实用性、可操作性。教材参考使用了二级建造师继续教育中的部分案例，有利于将来的案例教学和实践教学，也可以体现知识水平的提高。

　　该套教材由中国建设教育协会继续教育委员会组织编写，得到了江苏建筑职业技术学院建工学院和中建五局安徽分公司的大力支持。江苏建筑职业技术学院的张贵良、翟红梅和中建五局安徽公司皖北分公司的许政组成一个团队，具体完成了编写和修改工作，本书中借鉴和参考了全国二级建造师继续教育教材中绿色施工技术和示范工程的部分案例、中建五局安徽公司质量和安全标准化建设工作方案和管理制度，特此说明和致谢。

编者

目　　录

第1章 工程建设标准实施的基本要求

标准的实施是指有组织、有计划、有措施地贯彻执行标准的活动，是标准管理、标准编制和标准应用各方将标准的内容贯彻到生产、管理、服务当中的活动过程，是标准化的目的之一，具有重要的意义。

标准化在保障产品质量安全、促进产业转型升级和经济提质增效、服务外交外贸等方面起着越来越重要的作用。但是，从我国经济社会发展日益增长的需求来看，现行标准体系和标准化管理体制已不能完全适应社会主义市场经济发展的需要，甚至在一定程度上影响了经济社会发展。

第1节 国家深化标准化工作的基本要求

《国务院关于印发深化标准化工作改革方案的通知》（国发〔2015〕13 号）发布的《深化标准化工作改革方案》明确规定了标准化工作改革要紧紧围绕使市场在资源配置中起决定性作用和更好发挥政府作用，着力解决标准体系不完善、管理体制不顺畅、与社会主义市场经济发展不适应问题，改革标准体系和标准化管理体制，改进标准制定工作机制，强化标准的实施与监督，更好发挥标准化在推进国家治理体系和治理能力现代化中的基础性、战略性作用，促进经济持续健康发展和社会全面进步。

1.1.1 改革的总体目标

建立政府主导制定的标准与市场自主制定的标准协同发展、协调配套的新型标准体系，健全统一协调、运行高效、政府与市场共治的标准化管理体制，形成政府引导、市场驱动、社会参与、协同推进的标准化工作格局，有效支撑统一市场体系建设，让标准成为质量的"硬约束"，推动中国经济迈向中高端水平。

1.1.2 改革措施

通过改革，把政府单一供给的现行标准体系，转变为由政府主导制定的标准和市场自主制定的标准共同构成的新型标准体系。政府主导制定的标准由 6 类整合精简为 4 类，分别是强制性国家标准、推荐性国家标准、推荐性行业标准、推荐性地方标准；市场自主制定的标准分为团体标准和企业标准。政府主导制定的标准侧重于保基本，市场自主制定的标准侧重于提高竞争力。同时建立完善与新型标准体系配套的标准化管理体制。

（1）建立高效权威的标准化统筹协调机制

建立由国务院领导同志为召集人、各有关部门负责同志组成的国务院标准化协调推进机制，统筹标准化重大改革，研究标准化重大政策，对跨部门跨领域、存在重大争议标准的制定和实施进行协调。国务院标准化协调推进机制日常工作由国务院标准化主管部门承担。

（2）整合精简强制性标准

在标准体系上，逐步将现行强制性国家标准、行业标准和地方标准整合为强制性国家标准。在标准范围上，将强制性国家标准严格限定在保障人身健康和生命财产安全、国家安全、生态环境安全和满足社会经济管理基本要求的范围之内。在标准管理上，国务院各有关部门负责强制性国家标准项目提出、组织起草、征求意见、技术审查、组织实施和监督；国务院标准化主管部门负责强制性国家标准的统一立项和编号，并按照世界贸易组织规则开展对外通报；强制性国家标准由国务院批准发布或授权批准发布。强化依据强制性国家标准开展监督检查和行政执法；免费向社会公开强制性国家标准文本；建立强制性国家标准实施情况统计分析报告制度。

法律法规对标准制定另有规定的，按现行法律法规执行。环境保护、工程建设、医药卫生强制性国家标准、强制性行业标准和强制性地方标准，按现有模式管理。安全生产、公安、税务标准暂按现有模式管理。核、航天等涉及国家安全和秘密的军工领域行业标准，由国务院国防科技工业主管部门负责管理。

（3）优化完善推荐性标准

在标准体系上，进一步优化推荐性国家标准、行业标准、地方标准体系结构，推动向政府职责范围内的公益类标准过渡，逐步缩减现有推荐性标准的数量和规模。在标准范围上，合理界定各层级、各领域推荐性标准的制定范围，推荐性国家标准重点制定基础通用、与强制性国家标准配套的标准；推荐性行业标准重点制定本行业领域的重要产品、工程技术、服务和行业管理标准；推荐性地方标准可制定满足地方自然条件、民族风俗习惯的特殊技术要求。在标准管理上，国务院标准化主管部门、国务院各有关部门和地方政府标准化主管部门分别负责统筹管理推荐性国家标准、行业标准和地方标准制修订工作。充分运用信息化手段，建立制修订全过程信息公开和共享平台，强化制修订流程中的信息共享、社会监督和自查自纠，有效避免推荐性国家标准、行业标准、地方标准在立项、制定过程中的交叉重复矛盾。简化制修订程序，提高审批效率，缩短制修订周期。免费向社会公开推荐性标准文本。建立标准实施信息反馈和评估机制，及时开展标准复审和维护更新，有效解决标准缺失滞后老化问题。加强标准化技术委员会管理，提高广泛性、代表性，保证标准制定的科学性、公正性。

（4）培育发展团体标准

在标准制定主体上，鼓励具备相应能力的学会、协会、商会、联合会等社会组织和产业技术联盟协调相关市场主体共同制定满足市场和创新需要的标准，供市场自愿选用，增加标准的有效供给。在标准管理上，对团体标准不设行政许可，由社会组织和产业技术联盟自主制定发布，通过市场竞争优胜劣汰；国务院标准化主管部门会同国务院有关部门制定团体标准发展指导意见和标准化良好行为规范，对团体标准进行必要的规范、引导和监督。在工作推进上，选择市场化程度高、技术创新活跃、产品类标准较多的领域，先行开展团体标准试点工作。支持专利融入团体标准，推动技术进步。

（5）放开搞活企业标准

企业根据需要自主制定、实施企业标准。鼓励企业制定高于国家标准、行业标准、地方标准，具有竞争力的企业标准。建立企业产品和服务标准自我声明公开和监督制度，逐步取消政府对企业产品标准的备案管理，落实企业标准化主体责任。鼓励标准化专业机构对企业公开的标准开展比对和评价，强化社会监督。

（6）提高标准国际化水平

鼓励社会组织和产业技术联盟、企业积极参与国际标准化活动，争取承担更多国际标准组织技术机构和领导职务，增强话语权。加大国际标准跟踪、评估和转化力度，加强中国标准外文版翻译出版工作，推动与主要贸易国之间的标准互认，推进优势、特色领域标准国际化，创建中国标准品牌。结合海外工程承包、重大装备设备出口和对外援建，推广中国标准，以中国标准"走出去"带动我国产品、技术、装备、服务"走出去"。进一步放宽外资企业参与中国标准的制定。

1.1.3　组织实施

坚持整体推进与分步实施相结合，按照逐步调整、不断完善的方法，协同有序推进各项改革任务。标准化工作改革分三个阶段实施。

（1）第一阶段（2015—2016 年），积极推进改革试点工作。

加快推进《中华人民共和国标准化法》的修订工作，提出法律修正案，确保改革于法有据，修订完善相关规章制度。（2016 年 6 月底前完成）

国务院标准化主管部门会同国务院各有关部门及地方政府标准化主管部门，对现行国家标准、行业标准、地方标准进行全面清理，集中开展滞后老化标准的复审和修订，解决标准缺失、矛盾交叉等问题。（2016 年 12 月底前完成）

优化标准立项和审批程序，缩短标准制定周期。改进推荐性行业和地方标准备案制度，加强标准制定和实施后评估。（2016 年 12 月底前完成）

按照强制性标准制定原则和范围，对不再适用的强制性标准予以废止，对不宜强制的转化为推荐性标准。（2015 年 12 月底前完成）

开展标准实施效果评价，建立强制性标准实施情况统计分析报告制度；强化监督检查和行政执法，严肃查处违法违规行为。（2016 年 12 月底前完成）

选择具备标准化能力的社会组织和产业技术联盟，在市场化程度高、技术创新活跃、产品类标准较多的领域开展团体标准试点工作，制定团体标准发展指导意见和标准化良好行为规范。（2015 年 12 月底前完成）

开展企业产品和服务标准自我声明公开和监督制度改革试点，企业自我声明公开标准的，视同完成备案。（2015 年 12 月底前完成）

建立国务院标准化协调推进机制，制定相关制度文件；建立标准制修订全过程信息公开和共享平台。（2015 年 12 月底前完成）

主导和参与制定国际标准数量达到年度国际标准制定总数的 50%。（2016 年完成）

（2）第二阶段（2017—2018 年），稳妥推进向新型标准体系过渡。

确有必要强制的现行强制性行业标准、地方标准，逐步整合上升为强制性国家标准。（2017 年完成）

进一步明晰推荐性标准制定范围，厘清各类标准间的关系，逐步向政府职责范围内的公益类标准过渡。（2018 年完成）

培育若干具有一定知名度和影响力的团体标准制定机构，制定一批满足市场和创新需要的团体标准；建立团体标准的评价和监督机制。（2017 年完成）

企业产品和服务标准自我声明公开和监督制度基本完善并全面实施。（2017 年完成）

国际国内标准水平一致性程度显著提高，主要消费品领域与国际标准一致性程度达到 95% 以上。（2018 年完成）

（3）第三阶段（2019—2020 年），基本建成结构合理、衔接配套、覆盖全面、适应经济社会发展需求的新型标准体系。

理顺并建立协同、权威的强制性国家标准管理体制。（2020年完成）

政府主导制定的推荐性标准限定在公益类范围，形成协调配套、简化高效的推荐性标准管理体制。（2020年完成）

市场自主制定的团体标准、企业标准发展较为成熟，更好满足市场竞争、创新发展的需求。（2020年完成）

参与国际标准化治理能力进一步增强，承担国际标准组织技术机构和领导职务数量显著增多，与主要贸易伙伴国家标准互认数量大幅增加，我国标准国际影响力不断提升，迈入世界标准强国行列。（2020年完成）

第2节　施工企业标准化实施的工作要求

标准化是一项有目的的活动，标准化的目的只有通过标准的实施才能达到。一项标准发布后，能否达到预期的经济效果和社会效益，使标准由潜在的生产力转化为直接的生产力，关键就在于认真切实地实施标准。标准是通过实施，才得以实实在在地把技术标准转化为生产力，改善生产管理，提高质量，从而增强企业的市场竞争能力。

企业标准化工作的主要内容是，贯彻执行国家和地方有关标准化的法律、法规、方针政策，实施国家标准、行业标准和地方标准，并结合本企业的实际情况，制定企业标准，建立和实施企业标准体系，对标准实施进行监督检查，开展标准体系和标准实施的评估、评价工作，积极改进企业标准化工作，参与国家标准化工作。

对于工程建设企业，企业标准化工作是一项细致而复杂的工作，工程建设企业标准化体系的建立以及企业标准的制定、实施和监督检查均需要投入一定的人力、物力和财力。因此，工程建设企业必须加强企业标准化工作的组织领导，应当由本企业的主要领导负责，本企业内部各部门主要负责人组成企业标准化委员会，建立企业标准化管理机构，统一领导和协调本企业的标准化工作。同时，应建立一支精干稳定的标准化工作队伍。

1.2.1　标准实施的原则

标准是企业生产的依据，生产的过程就是贯彻、执行标准的过程，是履行社会责任的过程，生产过程中标准执行要把握好以下原则。

（1）强制性标准，企业必须严格执行。

工程建设中，国家标准、行业标准、地方标准中的强制性标准直接涉及工程质量、安全、环境保护和人身健康，依照《中华人民共和国标准化法》《中华人民共和国建筑法》《建设工程质量管理条例》等法律法规，企业必须严格执行，不执行强制性标准，企业要承担相应的法律责任。

（2）推荐性标准，企业一经采用，应严格执行。

国家标准、行业标准中的推荐性标准，主要规定的是技术方法、指标要求和重要的管理要求，是严格按照管理制度要求标准制修订程序并经过充分论证和科学实验，在实践基础上制定的，具有较强的科学性，对工程建设活动具有指导、规范作用，对于保障工程顺利完成、提高企业的管理水平具有重要的作用。因此，对于推荐性标准，只要适用于企业所承担的工程项目建设，就应积极采用。企业在投标中承诺所采用的推荐性标准，以及承包合同中约定采用的推荐性标准，应严格执行。

（3）企业标准，只要纳入到工程项目标准体系当中，应严格执行。

企业标准是企业的一项制度，是国家标准、行业标准、地方标准的必要补充，是为实现企业的目标而制定的，只要纳入到工程项目建设标准体系当中，就与体系中的相关标准相互依存、相互关联、相互制约，如果标准得不到实施，就会影响其他标准的实施，标准体系的整体功能得不到发挥，因此，企业标准只要纳入工程项目标准体系当中，在工程项目建设过程中就应严格执行。

1.2.2　企业标准员工作内容

（1）标准宣贯培训。标准出台发布是为了在生产经营活动中及时地被应用，确保标准有效贯彻执行，让执行标准的人员掌握标准中的各项要求，企业和工程项目部均要组织发布标准的宣贯活动。标准发布后，企业需要派本企业人员参加标准化主管部门组织的宣贯培训，然后以会议的形式请熟悉标准专业人员向本企业的有关人员讲解标准的内容，也可以研讨的方式相互交流，加深对标准内容的理解；工程项目部则根据工程项目的实际情况，有针对性地开展宣贯培训。

（2）标准实施交底。具体工作一般由施工现场标准员，向其他岗位人员说明工程项目建设中应执行的标准及要求。标准实施交底工作可与施工组织设计交底相结合，标准员要详细列出各岗位应执行的标准明细以及强制性条文明细，说明标准实施的具体要求。

（3）标准实施监督。对标准实施进行监督是为了保障工程安全质量、保护环境、保障人身健康，并通过监督检查，发现标准自身存在的问题，改进标准化工作。施工现场施工员、质量员、安全员等各岗位的人员工作均是围绕标准的实施开展的，标准实施监督也是各岗位人员的重要职责。施工现场标准员要围绕工程项目标准体系中所明确应执行的全部标准开展标准实施监督检查工作，主要任务一是监督施工现场各管理岗位人员是否认真执行标准；二是监督施工过程各环节全面有效执行标准的情况；三是解决标准执行过程中出现的问题。

（4）标准实施检查。施工现场标准员是通过现场巡视检查和施工记录资料查阅，针对不同类别的标准采取不同的检查方式进行标准实施的监督检查。施工方法标准的检查，是通过施工现场的巡视、查阅施工记录、填写检查记录表，检查操作过程是否满足标准规定的各项技术指标要求；工程质量标准的检查，通过验收资料的查阅填写检查记录表，检查质量验收的程序是否满足标准的要求，同时要检查质量验收是否存在遗漏检查项目的情况，重点检查强制性标准的执行情况；对建筑材料和产品标准的检查，则重点检查进场的材料与产品的规格、型号、性能等是否符合工程设计的要求，一般是在进场后通过现场取样、复试，复试的结果确定材料与产品是否符合工程的需要，以及对不合格产品处理是否符合相关标准的要求并填写检查记录表；工程安全、环境、卫生标准的检查，是通过现场巡视的方式检查工程施工过程中所采取的安全、环保、卫生措施是否符合相关标准的要求，重点是危险源、污染源的防护措施和卫生防疫条件，同时还要检查相关岗位人员的履职情况。

（5）监督新技术、新材料、新工艺的应用。一般经过充分论证和有关机构的批准，制定切实可行的新技术、新材料、新工艺应用方案并制定质量安全检查验收的标准。同时，要分析推广应用的新技术、新材料、新工艺与国家、行业相关标准的关系，经企业向标准化主管部门提出标准制修订建议。

（6）标准整改建议。对于由于操作人员和管理人员对标准理解不正确造成的问题，标准员应及时进行咨询，以便正确掌握标准的要求；标准员要认真记录监督检查中发现的问题，并对照标准分析出现问题的原因、提出整改措施、填写整改通知单且发给相关岗位管理人员。

1.2.3　标准实施效果评价

工程建设标准化的目的是促进最佳社会效益、经济效益、环境效益和获得最佳资源及能源使用效率，因此，在标准实施效果评价中设置经济效果、社会效果、环境效果三个指标，使得标准的实施效果体现在具体某一因素的控制上。评价结果一般是可量化并能用数据的方式表达的，也可以是对实施自身、现状等进行的比较，即也可以是不可量化的效果。

评价综合类标准实施效果时，要分别分析标准实施后对规划、勘察、设计、施工、运行等工程建设全过程各个环节的影响，综合评估标准的实施效果，实施效果评价内容见表 1-1。

实施效果评价内容　　　　　　　　　　　　　　　　表 1-1

指标	评价内容
经济效果	1. 是否有利于节约材料； 2. 是否有利于提高生产效率； 3. 是否有利于降低成本（其他方面,影响成本的因素）
社会效果	1. 是否对工程质量和安全产生影响； 2. 是否对施工过程安全生产产生影响； 3. 是否对技术进步产生影响； 4. 是否对人身健康产生影响； 5. 是否对公众利益产生影响
环境效果	1. 是否有利于能源资源节约； 2. 是否有利于能源资源合理利用； 3. 是否有利于生态环境保护

第3节　工程质量安全标准化工作要求

1.3.1　工程质量管理标准化工作

1. 建立质量管理体系，制定质量管理体系的文件

（1）施工企业应结合自身特点、相关方期望、应对风险和机遇及质量管理需要，建立质量管理体系并形成文件。施工企业应分析内外部环境，确定与企业发展目标和战略方向相关的影响质量管理体系的关键因素，明确质量管理体系相关方的需求及期望，界定质量管理体系的适用范围，并对改进机会进行识别。

相关词语解释说明如下：

1）施工企业的外部环境包括：法律、技术、竞争、文化、社会、经济和自然环境等。

2）施工企业的内部环境包括：企业理念、价值观、宗旨、发展方向、资质、品牌、产品结构、设计能力、施工能力、核心技术、人力资源、资金实力、运营模式等。

3）相关方包括：直接顾客（发包方），最终使用者，供应方，分包方，监理、勘察、

设计方，合作伙伴、政府主管部门及其他。

施工企业质量管理需明确并合理界定质量管理范围，以确保质量管理的适宜性、充分性和有效性。适宜性、充分性、有效性是质量管理体系的核心特征。

1）适宜性是指质量管理体系与组织所处的客观情况的适宜程度。这种适宜程度应是动态的，即质量管理体系需具备随内外部环境的改变而做出相应调整或改进的能力，以实现规定的质量方针和质量目标。

2）充分性是指质量管理体系对组织全部质量活动过程覆盖和控制的程度，即质量管理体系的要求、过程展开和受控是否全面，也可以理解为体系的完善程度。

3）有效性是指质量管理体系实现质量目标的程度，即质量管理体系实施过程对于实现质量目标的有效程度。

（2）施工企业质量管理体系文件应包括下列内容：

1）质量方针和目标；

2）质量管理体系范围及说明；

3）质量管理制度；

4）质量管理作业文件；

5）质量管理活动记录。

记录是特殊形式的文件，可以以多种媒体形式出现。需确定记录管理的范围和类别，凡在日常质量活动中形成的记载各类质量管理活动的文件均属于记录。记录的形成需与质量活动同步进行。

（3）施工企业应制定质量方针并体现企业质量管理的宗旨和战略方向，在界定的质量管理体系范围内应符合下列要求：

1）应依法服务于发包方，增强其满意程度；

2）应履行社会责任，树立企业形象和品牌；

3）应持续改进质量管理绩效。

建立质量方针可以统一全体员工质量意识，规范其质量行为，明确质量管理体系的方向和原则，是检验质量管理体系运行效果的标准。质量方针需经过最高管理者批准后生效。

（4）施工企业应根据质量方针制定质量目标，建立和实施质量目标管理制度，明确企业质量管理应达到的水平。同时还应将质量目标分解到相关管理职能、层次和过程，并定期进行考核。

（5）施工企业应建立并实施文件和记录管理制度，文件管理应符合下列规定：

1）文件应经审批后方可发布；

2）应根据质量管理需要对文件的适用性进行评审，必要时进行修订并重新审批、发布；

3）应识别并获取相关法律法规、标准规范及其他外来文件，控制其发放；

4）应确保在使用场所获得所需文件的适用版本；

5）应保证相关人员明确其活动所依据的文件；

6）应将作废文件撤出使用场所或加以标识。

2. 质量管理组织机构建设

（1）施工企业应建立质量管理体系的组织机构，配备相应质量管理人员，规定相关管理层次、部门、岗位的质量管理职责，界定范围、明确责任和授予权限，并形成文件。

（2）施工企业的质量管理职责，是在满足工程产品需求的基础上在其管理范围内所规定的责任与权利的统一，其中界定范围、分配责任、授予权限是核心工作。

1）施工企业应设立质量管理部门，并规定其组织和协调质量管理工作的职能；

2）项目部应根据工程需要和规定要求，设置相应的质量管理部门或岗位；

3）各层次质量管理部门和岗位的设置，应满足资源与需求匹配、责任与权利一致的要求。

（3）最高管理者应证实其对质量管理体系的领导作用和承诺，确保质量管理体系适应市场竞争和企业发展的需要，其管理职责应包括下列内容：

1）组织策划质量管理体系；

2）组织制定、批准质量方针和目标；

3）确保质量管理体系融入企业的业务过程；

4）促进使用过程方法和基于风险的思维；

5）建立质量管理的组织机构；

6）提升员工的质量意识和保证质量的能力；

7）确定和配备质量管理所需的资源；

8）支持其他管理者履行其相关领域的职责；

9）实施、评价并改进质量管理体系；

10）确保实现质量管理体系的预期结果。

（4）由最高管理者指定的管理者代表，其管理职责应包括下列内容：

1）应协助最高管理者实现其职责；

2）应协调质量管理体系的相关活动；

3）应向最高管理者报告质量管理体系的绩效和改进需求；

4）应落实质量管理体系与外部联系的有关事宜。

（5）项目经理应确保工程项目质量管理的有效性，其管理职责应包括下列内容：

1）应建立健全项目管理组织和质量管理制度；

2）应组织实施工程项目质量管理策划；

3）应落实项目质量目标实现所需资源；

4）应组织实施过程质量控制和检查验收；

5）应履行合同约定的其他事项。

3. 人力资源管理

（1）最高管理者需根据企业发展的需要组织编制人力资源发展规划，明确人力资源管理活动的流程和方法，根据质量管理需求配备相应的管理、技术及作业人员。

（2）施工企业的项目经理、技术负责人、质量检查、计量、试验管理等人员需要达到有关上岗的规定要求，要求注册的岗位经注册后方能执业。

（3）施工企业应建立员工考核制度，使各层次管理者中与质量有关的人员意识到质量方针和质量目标的重要性，对质量管理有效性的贡献，偏离质量管理要求的后果。

（4）根据岗位特点和需求，施工企业宜分层分类实施培训。对员工的培训应包括下列内容：

1）质量方针、目标及质量意识；

2）相关法律法规和国家现行标准；

3）质量管理制度；

4）专业知识、作业要求；

5）继续教育。

继续教育是指与质量有关的继续教育内容，如行业新动态、新规范、新工艺、新技术、新材料、新设备、项目管理新知识等。

（5）施工企业需分层分类实施有针对性的培训，如按高管层、中层、一般管理人员、一线操作人员层次，按公司、项目部等不同层级进行培训；按经营、质量、工程、技术、设备、物资等分专业进行系统培训；按木工、焊工、电工等不同工种进行岗位培训或技术交底。

4. 投标及合同管理

（1）施工企业应识别投标工程项目的相关要求，其要求应包括下列内容：

1）招标文件和相关的明示要求；

2）发包方未明示但应满足的要求；

3）法律法规、国家现行标准要求；

4）施工企业的相关要求。

发包方的要求包括招标文件及合同在内的各种形式的要求。

发包方明示的要求是指发包方在招标文件及工程合同等书面文件中明确提出的要求（口头要求须形成文件）。

发包方未明示但应满足的要求是指需满足行业的技术或管理要求、与工程相关的法律法规和标准规范及施工企业自身设计和施工能力需满足的要求。

（2）施工企业应通过评审，确认具备满足工程项目有关要求的能力后依法进行投标，并保证投标文件和投标过程的合规性。

施工企业须在投标前，确定与工程项目有关的要求，并通过适宜的方式（会议、网上、文件传递等）对这些要求进行评审，以确认是否有能力满足这些要求。

（3）施工企业须对投标及履约过程进行监控，监督管理需依据规范的管理流程实施，以确保合法实施投标活动和履行工程合同。

（4）施工企业应依法签约，并通过合同交底或其他信息传递方式，确保相关人员掌握合同的内容和要求。

工程合同要求可根据需要采用合同文本、会议、培训、书面交底等多种方式传递。

（5）对工程合同履行中发生的变更，施工企业应以书面文件签认，并作为工程合同的组成部分。变更的内容、程序应符合相关约定。

施工过程中产生的变更包括来自发包方、勘察设计、监理单位的变更以及施工企业提出的、经认可的变更。

（6）在工程合同履行的各阶段，施工企业应与发包方或其代表进行有效沟通，确定相关方需求，形成必要记录，并定期检查、分析、评价工程合同履行情况。

与发包方或其代表的沟通内容包括合同的履约情况，工程的变更信息，发包方反馈，发包方财产的处置和控制，制定有关应急措施的特定要求等。

5. 施工机具与设施管理

（1）施工企业应建立并实施施工机具与设施管理制度，对施工机具与设施的配备、安装、拆除与验收、使用与维护作出规定。

（2）施工企业应建立施工机具与设施供应方评价制度。在采购或租赁前应进行供应方评价，并保存相关资料和评价记录。对供应方的评价应包括下列内容：

1）企业资质、经营状况、信誉；

2）产品和服务质量；

3）产品技术性能；

4）供货能力和协作水平；

5）价格。

大型施工机具的随机文件需作为施工机具档案按照相关制度的规定归档管理。

对于租赁的设备需按照合同的规定验证其施工机具型号、随行操作人员的资格证明等。

（3）施工企业应对施工机具与设施的使用过程进行定期检查，保持其技术性能安全可靠，并保存相关记录。

施工机具在使用过程中需符合定机、定人、定岗、持证上岗、交接、维护保养等规定。施工企业需建立必要的施工机具档案，制定施工机具技术和安全管理规定。

6. 工程材料、构配件和设备管理

（1）施工企业应建立并实施工程材料、构配件和设备管理制度，对工程材料、构配件和设备的采购、进场验收、现场管理及不合格品的控制作出规定。

（2）工程材料、构配件和设备采购前，施工企业应对供应方进行评价和选择，并依据工程材料、构配件和设备对工程施工及工程质量的影响程度确定评价方法。当发现供应方服务发生变化时，应进行重新评价。

对供货厂家评价时，一般需在下列范围内收集可以溯源的证明资料：

1）企业资质证明、产品生产许可证明；

2）产品鉴定证明；

3）产品质量证明；

4）厂家质量管理体系情况；

5）产品生产能力证明；

6）与该厂家合作的证明；

7）用户评价；

8）其他特殊要求的证明。

对经销商进行评价时，一般需在如下范围内收集可以溯源的证明资料：

1）经营许可证明；

2）产品质量证明；

3）用户评价；

4）与该经销商合作的证明。

评价、选择和重新评价的适当记录可包括：对供应方的各种形式的调查记录、相应的证明资料、施工企业评价记录、选择记录、合格供应方名录（名单）、供货验收记录等。若以招标形式选择供应方，则应保存招标过程的各项记录。

（3）施工企业应对工程材料、构配件和设备进场验收的内容、方法和时间进行控制，形成记录，并根据需求到供应方的现场进行验证。对涉及工程结构安全、节能、环境保护和主要使用功能的工程材料、构配件和设备进行标识，并具有可追溯性。经验收不合格的工程材料、构配件和设备，施工企业应采取记录、标识、隔离的措施，防止其被误用的可能，并应按规定的程序进行处理，记录处理结果。

（4）施工企业应按工程合同约定对发包方提供的工程材料、构配件和设备进行识别与验收，并保存相关记录。当发现发包方提供的工程材料、构配件和设备不符合设计要求和国家现行相关标准规定时，施工企业应向发包方报告，并进行处理，形成记录。

7. 分包管理

（1）施工企业应将分包工程的管理过程纳入质量管理体系，对分包方选择、分包项目实施过程管理、分包工程质量验收作出规定。

（2）施工企业依据工程项目需要经评价后选择分包方，对分包方的评价应包括下列内容：

1）经营许可和施工资质；

2）工程业绩与社会信誉；

3）人员结构、执业资格和素质；

4）施工机具与设施；

5）专业技术和施工管理水平；

6）协作、配合、服务和抗风险能力。

（3）分包项目实施前，施工企业应对分包方的下列施工和服务条件进行验证和确认：

1）项目管理机构；

2）进场人员的数量和资格；

3）主要工程材料、构配件和设备；

4）投入的施工机具与设施。

（4）施工企业应对分包方的下列施工和服务过程及结果进行监督管理：

1）关键岗位、人员变动、技术措施、质量控制和材料验收；

2）施工进度、安全条件、污染防治和服务水平。

（5）分包方应对分包工程进行自检。

1）对分包工程质量验收过程发现的问题，施工企业应提出整改要求并跟踪复查；

2）分包工程竣工后，施工企业应按国家现行工程施工质量验收标准、竣工档案资料归档要求和分包合同约定，验收分包方移交的归档资料。

8. 施工项目质量控制过程

（1）施工总承包企业应建立工程设计质量管理制度，按设计文件和合同约定进行工程设计，并对工程设计质量进行控制。设计结果应满足实现预期目的、保证结构安全和使用功能所需的工程和服务特性，符合合同要求，并形成文件，经审批后使用。

（2）项目部应根据约定接收设计文件、参加设计交底和图纸会审，并对结果进行确认。

（3）施工企业应对工程项目质量管理策划结果进行交底，项目部应确认施工现场已具备开工条件，进行报审、报验，提出开工申请，经批准后方可开工。

（4）施工企业应对施工过程进行控制，通过下列活动保证工程项目质量：

1）正确使用工程设计文件、施工规范和验收标准，使用时对施工过程实施样板引路；

2）调配合格的操作人员；

3）配备使用工程材料、构配件和设备、施工机具的检测设备；

4）进行施工检查；

5）对施工作业环境进行控制；

6）合理安排施工进度；

7）对成品、半成品采取保护措施；

8）对突发事件实施应急响应与监控；

9）对能力不足的施工过程进行监控；

10）确保分包方的施工过程得到控制；

11）采取措施防止人为错误；

12）保证各项变更满足规定要求。

（5）施工企业应建立和保持施工过程中的质量记录，记录的形成应与工程施工过程同步，包括下列内容：

1）图纸的接收、发放、会审与设计变更的有关记录；

2）施工日记；

3）交底记录；

4）岗位资格证明；

5）工程测量、技术复核、隐蔽工程验收记录；

6）工程材料、构配件和设备的检查验收记录；

7）施工机具、设施、检测设备的验收及管理记录；

8）施工过程检测、检查与验收记录；

9）质量问题的整改、复查记录；

10）项目质量管理策划结果规定的其他记录。

（6）施工企业应规定相关层次施工变更的管理范围、岗位责任和工作权限，项目部应明确施工变更的工作流程和方法。变更控制应依据下列程序实施：

1）变更的需求和原因确认；

2）变更的沟通与协商；

3）变更文件的确认或批准；

4）变更管理措施的制定与实施；

5）变更管理措施有效性的评价。

9. 交付与服务

（1）项目部应在自检合格后报验。未经验收或验收不合格的工程不得转入下道工序或交付。

（2）施工企业应参加发包方组织的工程竣工验收，并对验收过程发现的质量问题进行整改。

（3）按建设工程竣工档案资料归档的相关要求，收集、整理工程竣工资料。工程竣工验收后，按合同要求向相关方移交工程竣工档案资料。

（4）施工企业应按工程合同约定进行工程竣工交付。在规定期限内，施工企业对服务的需求信息应作出响应。服务活动宜包括下列内容：

1）工程保修；

2）提供工程使用说明；

3）非保修范围内的维修；

4）工程合同约定的其他服务。

10. 质量管理检查、分析、评价和改进

（1）施工企业应明确各管理层次和岗位的质量管理检查、分析、评价、改进职责，相关人员应具备规定的能力和资格。

（2）质量管理检查应包括下列内容：

1）法律法规、国家现行相关标准和工程合同的执行情况；

2）质量管理制度及其作业文件的落实情况；

3）各层次管理职责的落实程度；

4）质量目标的实现效果和工程质量的符合程度；

5）企业和相关方整改要求的落实情况。

（3）质量管理分析应确保其结果的有效性，分析程序包括下列内容：

1）收集质量管理信息；

2）进行数据统计分析；

3）确定质量管理状态；

4）形成信息分析结果。

（4）质量管理分析的结果应包括下列内容：

1）工程建设相关方对工程质量与质量管理的满意程度；

2）工程设计、工程施工和服务质量满足要求的程度；

3）与供应方、分包方合作的情况；

4）工程质量、质量管理发展趋势以及改进的需求。

（5）质量管理评价应包括下列内容：

1）质量管理体系的适宜性、充分性和有效性；

2）工程设计、施工和服务质量管理发展趋势、潜在问题预测；

3）应对风险和机遇措施的有效性；

4）以往质量管理评价的跟踪措施；

5）资源的充分性；

6）改进机会和体系变更需求。

（6）根据已识别的质量改进需求，施工企业应确定改进的优先顺序、领域、目标和措施，实施与验证改进措施的有效性，并根据需求修改相应的管理制度。质量改进措施应符合下列规定：

1）应对已发生质量问题的原因进行分析，并制定和实施纠正措施；

2）应对质量问题可能导致的风险进行分析，并制定和实施应对措施；

3）应对质量改进有利的机遇进行分析，并制定和实施应对措施。

（7）施工企业应对制定的纠正措施或应对风险和机遇的措施在实施前进行评价，识别措施中出现的新的质量问题或控制需求，以确保相关措施的充分性。

1.3.2 建筑工程施工质量评价标准

1. 评价体系

（1）建筑工程施工质量评价应根据建筑工程特点分为地基与基础工程、主体结构工程、屋面工程、安装工程、装饰装修工程及建筑节能工程六个部分（如图 1-1 所示）。

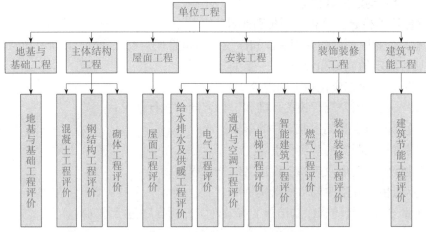

注：1. 地下防水工程的质量评价列入地基与基础工程。

2. 地基与基础工程中的基础部分的质量评价列入主体结构。

图 1-1　工程质量评价内容

（2）每个评价部分应根据其在整个工程中所占的工作量及重要程度给出相应的权重，其权重应符合表 1-2 的规定。

工程评价部分权重　　　　　　　　　　　　　　　　　表 1-2

工程评价部分	权重（%）	工程评价部分	权重（%）
地基与基础工程	10	装饰装修工程	15
主体结构工程	40	安装工程	20
屋面工程	5	建筑节能工程	10

注：1. 主体结构、安装工程有多项内容时，其权重可按实际工作量分配，但应为整数。

2. 主体结构中的砌体工程若是填充墙时，最多只占 10% 的权重。

3. 地基与基础工程中基础及地下室结构列入主体结构工程中评价。

（3）每个评价部分应按工程质量的特点，分为性能检测、质量记录、允许偏差、观感质量四个评价项目。

（4）每个评价项目应根据其在该评价部分内所占的工作量及重要程度给出相应的项目分值，其项目分值应符合表 1-3 的规定。

评价项目分值　　　　　　　表 1-3

序号	评价项目	地基与基础工程	主体结构工程	屋面工程	装饰装修工程	安装工程	节能工程
1	性能检测	40	40	40	30	40	40
2	质量记录	40	30	20	20	20	30
3	允许偏差	10	20	10	10	10	10
4	观感质量	10	10	30	40	30	20

注：用本标准各检查评分表检查评分后，将所得分换算为本表项目分值，再按规定换算为本表的权重。

（5）每个评价项目应包括若干项具体检查内容，对每一具体检查内容应按其重要性给出分值，其判定结果分为两个档次：一档应为 100％的分值；二档应为 70％ 的分值。

（6）结构工程、单位工程施工质量评价综合评分达到 85 分及以上的建筑工程应评为优良工程。

2. 评价方法

（1）性能检测评价方法符合下列规定

1）检查标准：检查项目的检测指标一次检测达到设计要求及规范规定的应为一档，取 100％ 的分值；按相关规范规定，经过处理后满足设计要求及规范规定的应为二档，取 70％ 的分值。

2）检查方法：核查性能检测报告。

（2）质量记录评价方法应符合下列规定：

1）检查标准：材料、设备合格证、进场验收记录及复试报告、施工记录及施工试验等资料完整，能满足设计要求及规范规定的应为一档，取 100％ 的分值；资料基本完整并能满足设计要求及规范规定的应为二档，取 70％ 的分值。

2）检查方法：核查资料的项目、数量及数据内容。

（3）允许偏差评价方法应符合下列规定：

1）检查标准：检查项目 90％ 及以上测点实测值达到规范规定值的应为一档，取 100％的分值；检查项目 80％ 及以上测点实测值达到规范规定值，但不足 90％ 的应为二档，取 70％ 的分值。

2）检查方法：在各相关检验批中，随机抽取 5 个检验批，不足 5 个的取全部进行核查。

（4）观感质量评价方法应符合下列规定：

1）检查标准：每个检查项目以随机抽取的检查点按"好""一般"给出评价。项目检查点 90％ 及其以上达到"好"，其余检查点达到"一般"的应为一档，取 100％ 的分值；项目检查点 80％ 及其以上达到"好"，但不足 90％，其余检查点达到"一般"的应为二档，取 70％ 的分值。

2）检查方法：核查分部（子分部）工程质量验收资料。

3. 施工质量综合评价

（1）结构工程质量核查评分应按下式计算：

$$P_S = A + B \tag{1-1}$$

式中　P_S——结构工程评价得分；

A——地基与基础工程权重实得分；

B——主体结构工程权重实得分。

（2）单位工程质量核查评分应按下式计算：

$$P_C = P_S + C + D + E + F + G \qquad (1-2)$$

式中　P_C——单位工程质量核查得分；

C——屋面工程权重实得分；

D——装饰装修工程权重实得分；

E——安装工程权重实得分；

F——节能工程权重实得分；

G——附加分。

1.3.3　施工企业安全生产评价标准

本标准适用于对施工企业进行安全生产条件和能力的评价。

（1）施工企业安全生产条件应按安全生产管理、安全技术管理、设备和设施管理、企业市场行为和施工现场安全管理等 5 项内容进行考核。各自考核标准及分值权重详见表 1-4～表 1-8。

安全生产管理评分表　　　　　　　　　　表 1-4

序号	评定项目	评分方法	应得分
1	安全生产责任制度	查企业有关制度文本；抽查企业各部门、所属单位有关责任人对安全生产责任制的知晓情况，查确认记录，查企业考核记录； 查企业文件，查企业对下属单位各级管理目标设置及考核情况记录；查企业安全生产奖惩制度文本和考核、奖惩记录	20
2	安全文明资金保障制度	查企业制度文本、财务资金预算及使用记录	20
3	安全教育培训制度	查企业制度文本、企业培训计划文本和教育的实施记录、企业年度培训教育记录和管理人员的相关证书	15
4	安全检查及隐患排查制度	查企业制度文本、企业检查记录、企业对隐患整改消项、处置情况记录、隐患排查统计表	15
5	生产安全事故报告处理制度	查企业制度文本； 查企业事故上报及结案情况记录	15
6	安全生产应急救援制度	查企业应急预案的编制、应急队伍建立情况以相关演练记录、物资配备情况	15

安全技术管理评分表　　　　　　　　　　表 1-5

序号	评定项目	评分方法	应得分
1	法规标准和操作规程配置	查企业现有的法律、法规、标准、操作规程的文本及贯彻实施记录	10
2	施工组织设计	查企业技术管理制度，抽查企业备份的施工组织设计	15
3	专项施工方案(措施)	查企业相关规定、实施记录和专项施工方案备份资料	25
4	安全技术交底	查企业相关规定、企业实施记录	25
5	危险源控制	查企业规定及相关记录	25

设备和设施管理评分表　　　　　　　　　　　　表1-6

序号	评定项目	评分方法	应得分
1	设备安全管理	查企业设备安全管理制度,查企业设备清单和管理档案	30
2	设施和防护用品	查企业相关规定及实施记录	30
3	安全标志	查企业相关规定及实施记录	20
4	安全检查测试工具	查企业相关记录	20

企业市场行为评分表　　　　　　　　　　　　　表1-7

序号	评定项目	评分方法	应得分
1	安全生产许可证	查安全生产许可证及各类人员相关证书	20
2	安全生产文明施工	查各级行政主管部门管理信息资料,各类有效证明材料	30
3	安全质量标准化达标	查企业相应管理资料	20
4	资质、机构与人员管理	查企业制度文本和机构、人员配备证明文件,查人员资格管理记录及相关证件,查总、分包单位的管理资料	30

施工现场安全管理评分表　　　　　　　　　　　表1-8

序号	评定项目	评分方法	应得分
1	施工现场安全达标	查现场及相关记录	30
2	安全文明资金保障	查现场及相关记录	15
3	资质和资格管理	查对管理记录、证书,抽查合同及相应管理资料	15
4	生产安全事故控制	查检查记录及隐患排查统计表,应急预案的编制及应急队伍建立情况以及相关演练记录、物资配备情况	15
5	设备设施工艺选用	查现场及相关记录	15
6	保险	查现场及相关记录	10

（2）评价方法

施工企业每年度应至少进行一次自我考核评价。发生下列情况之一时,企业应再进行复核评价：

1）适用法律、法规发生变化时；

2）企业组织机构和体制发生重大变化后；

3）发生生产安全事故后；

4）其他影响安全生产管理的重大变化。

（3）评价组织与实施

1）施工企业考核自评应由企业负责人组织,各相关管理部门均应参与。

2）评价人员应具备企业安全管理及相关专业能力,每次评价不应少于3人。

3）抽查及核验企业在建施工现场,应符合下列要求：

①抽查在建工程实体数量,对特级资质企业不应少于8个施工现场；对一级资质企业不应少于5个施工现场；对一级资质以下企业不应小于3个施工现场；企业在建工程实体少于上述规定数量的,则应全数检查；

②核验企业所属其他在建施工现场安全管理状况,核验总数不应少于企业在建工程项

目总数的 50%。

（4）评分

安全生产条件和能力评分应符合下列要求：

1）施工企业安全生产评价应按评定项目、评分标准和评分方法进行，并应符合本标准附录 A 的规定，满分分值均应为 100 分，见表 1-9；

2）在评价施工企业安全生产条件能力时，应采用加权法计算，权重系数应符合表 1-10 的规定。

施工企业安全生产评价汇总表 表 1-9

评价类型：□市场准入□发生事故□不良业绩□资质评价□日常管理□年终评价□其他

企业名称：经济类型：

资质等级：上年度施工产值：在册人数：

评价内容		评价结果				
		零分项（个）	应得分数（分）	实得分数（分）	权重系数	加权分数（分）
无施工项目	表 A-1 安全生产管理				0.3	
	表 A-2 安全技术管理				0.2	
	表 A-3 设备和设施管理				0.2	
	表 A-4 企业市场行为				0.3	
	汇总分数①＝表 A-1～表 A-4 加权值				0.6	
有施工项目	表 A-5 施工现场安全管理				0.4	
	汇总分数②＝汇总分数①×0.6＋表 A-5×0.4					

评价意见：

评价负责人（签名）		评价人员（签名）	
企业负责人（签名）		企业签章	年 月 日

权重系数 表 1-10

评价内容			权重系数
无施工项目	①	安全生产管理	0.3
	②	安全技术管理	0.2
	③	设备和设施管理	0.2
	④	企业市场行为	0.3
有施工项目	①②③④加权值		0.6
	⑤	施工现场安全管理	0.4

（5）考核评价等级

施工企业安全生产考核评定应分为合格、基本合格、不合格三个等级，具体划分方式见表 1-11，并宜符合下列要求：

1）对有在建工程的企业，安全生产考核评定宜分为合格、不合格 2 个等级；

2）对无在建工程的企业，安全生产考核评定宜分为基本合格、不合格 2 个等级。

施工企业安全生产考核评价等级划分　　　　　　　　表 1-11

考核评价等级	考核内容		
	各项评分表中的实得分为零的项目数(个)	各评分表实得分数(分)	汇总分数(分)
合格	0	≥70 且其中不得有一个施工现场评定结果为不合格	≥75
基本合格	0	≥70	≥75
不合格	出现不满足基本合格条件的任意一项时		

1.3.4 建筑施工安全生产标准化考评概述

建筑施工安全生产标准化是指建筑施工企业在建筑施工活动中，贯彻执行建筑施工安全法律法规和标准规范，建立企业和项目安全生产责任制，制定安全管理制度和操作规程，监控危险性较大分部分项工程，排查治理安全生产隐患，使人、机、物、环始终处于安全状态，形成过程控制、持续改进的安全管理机制。

建筑施工安全生产标准化考评包括建筑施工项目安全生产标准化考评和建筑施工企业安全生产标准化考评。

1. 基本规定

（1）安全生产标准化工作的开展

建筑施工企业应当建立健全以项目负责人为第一责任人的项目安全生产管理体系，建筑施工项目实行施工总承包的，施工总承包单位对项目安全生产标准化工作负总责。施工总承包单位应当组织专业承包单位等开展项目安全生产标准化工作。

建筑施工企业安全生产管理机构应当定期对项目安全生产标准化工作进行监督检查，检查及整改情况应当纳入项目自评材料。

（2）项目安全生产标准化的考评

项目考评主体应当对已办理施工安全监督手续并取得施工许可证的建筑施工项目实施安全生产标准化考评。

项目完工后办理竣工验收前，建筑施工企业应当向项目考评主体提交项目安全生产标准化自评材料。

项目自评材料主要包括：

1）项目建设、监理、施工总承包、专业承包等单位及其项目主要负责人名录；

2）项目主要依据现行行业标准《建筑施工安全检查标准》JGJ 59 等进行的自评，包括自评结果及项目建设、监理单位审核意见；

3）项目施工期间因安全生产受到住房和城乡建设主管部门奖惩情况（包括限期整改、停工整改、通报批评、行政处罚、通报表扬、表彰奖励等）；

4）项目发生生产安全责任事故情况；

5）住房和城乡建设主管部门规定的其他材料。

项目考评主体收到建筑施工企业提交的材料后，经查验符合要求的，以项目自评为基础，结合日常监管情况对项目安全生产标准化工作进行评定，在 10 个工作日内向建筑施工企业发放项目考评结果告知书。

评定结果为"优良""合格"及"不合格"。

项目考评主体应当及时向社会公布本行政区域内建筑施工项目安全生产标准化考评结果，并逐级上报至省级住房和城乡建设主管部门。

2. 企业考评

建筑施工企业应当建立健全以法定代表人为第一责任人的企业安全生产管理体系，依法履行安全生产职责，实施企业安全生产标准化工作。

建筑施工企业应当成立企业安全生产标准化自评机构，每年主要依据现行行业标准《施工企业安全生产评价标准》JGJ/T 77 等开展企业安全生产标准化自评工作。

企业考评主体收到建筑施工企业提交的材料后，经查验符合要求的，以企业自评为基础，以企业承建项目安全生产标准化考评结果为主要依据，结合安全生产许可证动态监管情况对企业安全生产标准化工作进行评定，在 20 个工作日内向建筑施工企业发放企业考评结果告知书。

评定结果为"优良""合格"及"不合格"。

建筑施工企业具有下列情形之一的，安全生产标准化评定为不合格：

（1）未按规定开展企业自评工作的；

（2）企业近三年所承建的项目发生较大及以上生产安全责任事故的；

（3）企业近三年所承建的已竣工项目不合格率超过 5% 的（不合格率是指企业近三年作为项目考评不合格责任主体的竣工工程数量与企业所承建的已竣工工程数量之比）；

（4）省级及以上住房和城乡建设主管部门规定的其他情形。

3. 奖励和惩戒

建筑施工安全生产标准化考评结果作为政府相关部门进行绩效考核、信用评级、诚信评价、评先推优、投融资风险评估、保险费率浮动等重要参考依据。

（1）政府投资项目招标投标应优先选择建筑施工安全生产标准化工作业绩突出的建筑施工企业及项目负责人。

（2）住房和城乡建设主管部门应当将建筑施工安全生产标准化考评情况记入安全生产信用档案。

第 2 章　建筑工程新标准

第 1 节　装配式建筑

2.1.1 《装配式钢结构住宅建筑技术标准》JGJ/T 469—2019

1. 设计

（1）装配式钢结构住宅建筑应将结构系统、外围护系统、设备与管线系统、内装系统采用集成的方法进行一体化设计。建筑设计应结合钢结构体系的特点，并应符合下列规定：

1）住宅建筑空间应具有全寿命期的适应性；

2）非承重部品应具有通用性和可更换性。

（2）装配式钢结构住宅建筑室内装修设计应符合下列规定：

1）应符合标准化设计、部品工厂化生产和现场装配化施工的原则；

2）设备管线应采用与结构主体分离设置方式和集成技术。

（3）装配式钢结构住宅建筑的设计与建造应符合通用化、模数化、标准化的规定，应以少规格、多组合为原则实现建筑部品部（构）件的系列化和住宅建筑居住的多样化。

（4）建筑设计应采用基本模数或扩大模数数列，并应符合下列规定：

1）开间与柱距、进深与跨度、门窗洞口宽度等水平方向宜采用水平扩大模数数列 $2n$M、$3n$M，n 为自然数；

2）层高和门窗洞口高度等垂直方向宜采用竖向扩大模数数列 nM；

3）梁、柱等部件的截面尺寸宜采用竖向扩大模数数列 nM；

4）构造节点和部品部（构）件的接口尺寸等宜采用分模数数列 nM/2、nM/5、nM/10。

（5）装配式钢结构住宅建筑设计应符合下列规定：

1）应采用模块及模块组合的设计方法；

2）基本模块应采用标准化设计，并应提高部品部件的通用性；

3）模块应进行优化组合，并应满足功能需求及结构布置要求。

（6）装配式钢结构住宅的结构体系的选择，宜符合下列规定：

1）低层或多层建筑宜选用钢框架结构，当地震作用较大，钢框架结构难以满足设计要求时，也可采用钢框架-支撑结构；

2）高层建筑宜选用钢框架-支撑结构体系或钢框架-混凝土核心筒结构体系。

（7）装配式钢结构住宅建筑的外围护系统设计内容应包括系统材料性能参数、系统构造、计算分析、生产及安装要求、质量控制及施工验收要求。外围护系统应根据建筑所在地气候条件选用构造防水、材料防水相结合的防排水措施，并应满足防水、透气、防潮、隔汽、防开裂等构造要求。

2. 外墙围护系统

（1）外墙围护系统可根据构成及安装方式选用下列系统：

1）装配式轻型条板外墙系统；

2）装配式骨架复合板外墙系统；

3）装配式预制外挂墙板系统；

4）装配式复合外墙系统或其他系统。

（2）外挂墙板与主体结构的连接应符合下列规定。

1）墙体部（构）件及其连接的承载力与变形能力应符合设计要求，当遭受多遇地震影响时，外挂墙板及其接缝不应损坏或不需修理即可继续使用；

2）当遭受设防烈度地震影响时，节点连接件不应损坏，外挂墙板及其接缝可能发生损坏，但经一般性修理后仍可继续使用；

3）当遭受预估的罕遇地震作用时，外挂墙板不应脱落，节点连接件不应失效。

（3）外挂墙板安装尺寸允许偏差及检验方法应符合表 2-1 的规定。

外挂墙板安装尺寸允许偏差及检验方法　　　　　　表 2-1

检验项目			允许偏差（mm）	检验方法
中心线对轴线位置			3.0	尺量
标高			±3.0	水准仪或尺量
垂直度	每层	≤3m	3.0	全站仪或经纬仪
		>3m	5.0	全站仪或经纬仪
	全高	≤10m	5.0	全站仪或经纬仪
		>10m	10.0	
相邻单元板平整度			2.0	钢尺、塞尺
板接缝	宽度		±3.0	尺量
	中心线位置			
门窗洞口尺寸			±5.0	尺量
上下层门窗洞口偏移			±3.0	垂线和尺量

（4）设置在外墙围护系统上的附属部（构）件应进行构造设计与承载验算。建筑遮阳、雨篷、空调板、栏杆、装饰件、雨水管等应与主体结构或外围护系统可靠连接，并应加强连接部位的保温防水构造。

（5）穿越外墙围护系统的管线、洞口，应采取防水构造措施；穿越外围护系统的管线、洞口及有可能产生声桥和振动的部位，应采取隔声降噪等构造措施。

3. 内隔墙

（1）内隔墙应设置龙骨或螺栓与上下楼板或梁柱拉结固定；不同材质墙体间的板缝应采用弹性密封，门框、窗框与墙体连接应满足可靠、牢固、安装方便的要求，并宜选用工厂化门窗套进行门窗收口；抗震设防烈度 7 度以上地区的内嵌式隔墙宜在钢梁、钢柱间设置变形空间，分户墙的变形空间应采用轻质防火材料填充。

（2）内隔墙安装尺寸允许偏差及检验方法，应符合表 2-2 的规定。

内隔墙安装尺寸允许偏差及检验方法　表 2-2

项次	检验项目	允许偏差（mm）	检验方法
1	墙面轴线位置	3.0	经纬仪、拉线、尺量
2	层间墙面垂直度	3.0	2m 托线板，吊垂线
3	板缝垂直度	3.0	2m 托线板，吊垂线
4	板缝水平度	3.0	拉线、尺量
5	表面平整度	3.0	2m 靠尺、塞尺
6	拼缝误差	1.0	尺量
7	洞口位移	±3.0	尺量

4. 部品部件

（1）装配的每个部品部（构）件加工制作完成后，应在部品部（构）件近端部一处表面打印标识。大型部品部（构）件应在多处易观察位置打印相同标识。标识内容应包括：工程名称、部品部（构）件规格与编号、部品部（构）件长度与重量、日期、质检员工号及合格标示、制造厂名称。

（2）按照国家现行产品标准或产品技术条件生产的部品部（构）件出厂，应提供型式检验报告、合格证及产品质量保证文件。同一厂家生产的同批材料、部品，用于同期施工且属于同一工程项目的多个单位工程，可合并进行进场验收。

（3）装配式钢结构住宅建筑部品部（构）件安装现场应设置专门的部品部（构）件堆场，应有防止部品部（构）件表面污染、损伤及安全保护的措施，并不得暴晒和淋雨。

5. 住宅的交付验收

（1）装配式钢结构住宅建筑的建设单位向用户销售、交付时，应按国家有关规定的要求提供"住宅质量保证书"和"住宅使用说明书"。建设单位应按规定向物业服务企业移交相关资料。

（2）"住宅使用说明书"除应符合现行国家相关规定外，尚应包含下列内容：

1）主体结构系统、外围护系统、设备管线系统和内装系统的构成、功能以及使用、检查和维护要求；

2）装修和装饰注意事项应包含允许业主或用户自行变更的部分与相关禁止行为；

3）部品部（构）件生产厂、供应商提供的产品使用维护说明书，主要部品部件宜注明检查与使用维护年限。

（3）进行室内装饰装修及使用过程中，严禁损伤主体结构和外围护结构系统。装修和使用中发生下述行为之一者，应由原设计单位或者具有相应资质的设计单位提出技术方案，并应按设计规定的技术要求进行施工及验收：

1）装修和使用过程中出现超过设计文件规定的楼面装修荷载或使用荷载；

2）装修和使用过程中改变或损坏钢结构防火、防腐蚀保护层及构造措施；

3）装修和使用过程中改变或损坏建筑节能保温、外墙及屋面防水相关构造措施。

2.1.2　《装配式住宅建筑检测技术标准》JGJ/T 485—2019

1. 装配式住宅建筑检测内容及基本要求

（1）工程施工阶段，应对装配式住宅建筑的部品部件及连接等进行现场检测；检测工作应结合施工组织设计分阶段进行，正式施工开始至首层装配式结构施工结束宜作为检测工作的第一阶段，对各阶段检测发现的问题应及时整改。

（2）工程施工和竣工验收阶段，当遇到下列情况之一时，应进行现场补充检测：

1）涉及主体结构工程质量的材料、构件以及连接的检验数量不足；

2）材料与部品部件的驻厂检验或进场检验缺失，或对其检验结果存在争议；

3）对施工质量的抽样检测结果达不到设计要求或施工验收规范要求；

4）对施工质量有争议；

5）发生工程质量事故，需要分析事故原因。

（3）现场调查应包括下列内容：

1）收集被检测装配式住宅建筑的设计文件、施工文件和岩土工程勘察报告等资料；

2）场地和环境条件；

3）被检测装配式住宅建筑的施工状况；

4）预制部品部件的生产制作状况。

（4）每一阶段检测结束后应提供阶段性检测报告，检测工作全部结束后应提供项目检测报告，检测报告应包括工程概况、检测依据、检测目的、检测项目、检测方法、检测仪器、检测数据和检测结论等内容。

2. 检测方案

（1）第一阶段检测前，应在现场调查基础上，根据检测目的、检测项目、建筑特点和现场具体条件等因素制订检测方案。

（2）检测方案应包括下列内容：

1）工程概况；

2）检测目的或委托方检测要求；

3）检测依据；

4）检测项目、检测方法以及检测数量；

5）检测人员和仪器设备；

6）检测工作进度计划；

7）需要现场配合的工作；

8）安全措施；

9）环保措施。

（3）装配式住宅建筑的现场检测可采用全数检测和抽样检测两种检测方式，遇到下列情况时宜采用全数检测方式。

1）外观缺陷或表面损伤的检查；

2）受检范围较小或构件数量较少；

3）检测指标或参数变异性大、构件质量状况差异较大。

3. 检测工具或方法

（1）外观缺陷检测应包括露筋、孔洞、夹渣、蜂窝、疏松、裂缝、连接部位缺陷、外形缺陷、外表缺陷等内容，检测方法宜符合下列规定：

1）露筋长度可采用直尺或卷尺量测；

2）孔洞深度可采用直尺或卷尺量测，孔洞直径可采用游标卡尺量测；

3）夹渣深度可采用剔凿法或超声法检测；

4）蜂窝和疏松的位置和范围可采用宜尺或卷尺量测，当委托方有要求时，蜂窝深度量测可采用剔凿、成孔等方法；

5）表面裂缝的最大宽度可采用裂缝专用测量仪器量测，表面裂缝长度可采用宜尺或卷尺量测：裂缝深度，可采用超声法检测，必要时可钻取芯样进行验证；

6）连接部位缺陷可采用观察或剔凿法检测；

7）外形缺陷和外表缺陷的位置和范围可采用直尺或卷尺测量。

（2）内部缺陷检测应包括内部不密实区、裂缝深度等内容，宜采用超声法双面对测，当仅有一个可测面时，可采用冲击回波法或电磁波反射法进行检测，对于判别困难的区域，应进行钻芯或剔凿验证；具体检测方法应符合现行国家标准《混凝土结构现场检测技术标准》GB/T 50784 的规定

（3）结构构件安装施工后的位置与尺寸偏差检测数量应符合现行国家标准《混凝土结构工程施工质量验收规范》GB 50204 的规定，检测方法宜符合下列规定：

1）构件中心线对轴线的位置偏差可采用直尺量测；

2）构件标高可采用水准仪或拉线法量测；

3）构件垂直度可采用经纬仪或全站仪量测；

4）构件倾斜率可采用经纬仪、激光准直仪或吊锤法量测；

5）构件挠度可采用水准仪或拉线法量测；

6）相邻构件平整度可采用靠尺和塞尺量测；

7）构件搁置长度可采用直尺量测；

8）支座、支垫中心位置可采用直尺量测；

9）墙板接缝宽度和中心线位置可采用直尺监测。

（4）混凝土中钢筋数量和间距可采用钢筋探测仪或雷达仪进行检测，检测方法应符合现行国家标准《混凝土结构现场检测技术标准》GB/T 50784 的规定，仪器性能和操作要求应符合现行行业标准《混凝土中钢筋检测技术标准》JGJ/T 152 的有关规定。

（5）套筒灌浆饱满度可采用预埋传感器法、预埋钢丝拉拔法、X 射线成像法等检测。套筒灌浆饱满度检测的数量应符合下列规定：

1）对重要的构件或对施工工艺、施工质量有怀疑的构件，所有套筒均应进行灌浆饱满度检测；

2）首层装配式混凝土结构，每类采用钢筋套筒灌浆连接的构件，检测数量不应少于首层该类预制构件总数的 20%，且不应少于 2 个；其他层，每层每类构件的检测数量不应少于该层该类预制构件总数的 10%，且不应少于 1 个；

3）对采用钢筋套筒灌浆连接的外墙板、梁、柱等构件，每个灌浆仓的套筒检测数量不应少于该仓套筒总数的 30%，且不应少于 3 个；被检测套筒应包含灌浆口处套筒，距离灌浆口套筒最远处的套筒；对受检构件中采用单独灌浆方式灌浆的套筒，套筒检测数量不应少于该构件单独灌浆套筒总数的 30%，且不宜少于 3 个；

4）对采用钢筋套筒灌浆连接的内墙板，每个灌浆仓的套筒检测数量不应少于该仓套筒总数的 10%，且不应少于 2 个；被检测套筒应包含灌浆口处套筒、距离灌浆口套筒最远处的套筒，对受检构件采用单独灌浆方式灌浆的套筒，套筒检测数量不应少于该构件

单独灌浆套筒总数的 10%，且不宜少于 2 个；

5）当检测不合格时，应及时分析原因，改进施工工艺，解决存在的问题；整改后应重新检测，合格后方可进行下道工序施工。

（6）预制剪力墙底部接缝灌浆饱满度和双面叠合剪力墙空腔内现浇混凝土质量宜采用超声法检测。预制剪力墙底部接缝灌浆饱满度和双面叠合剪力墙空腔内现浇混凝土质量的检测数量应符合下列规定：

1）首层装配式混凝土结构，不应少于剪力墙构件总数的 20%，且不应少于 2 个；

2）其他层不应少于剪力墙构件总数的 10%，且不应少于 1 个。

2.1.3 《装配式整体厨房应用技术标准》JGJ/T 477—2018

1. 设计

（1）厨房应遵循模数协调的原则，遵循人体工程学的要求，合理布局，进行标准化、系列化和精细化设计，并应与结构系统、外围护系统、设备与管线系统、内装系统进行一体化设计，且宜满足适老化的需求。

（2）厨房的设计应选用通用的标准化部品，标准化部品应具有统一的接口位置和便于组合的形状、尺寸，并应满足通用性和互换性对边界条件的参数要求。

（3）厨房部品选型宜在建筑方案阶段进行。部品应为标准化部品，工厂化生产，批量化供应。各种管线接口应为标准化设计，并应准确定位。厨房设计应符合干式工法施工的要求，便于检修更换，且不得影响建筑结构的安全性。

（4）家具设计应符合下列规定：

1）家具宽度应符合模数协调要求；

2）家具应符合现行国家标准《家用厨房设备第 2 部分：通用技术要求》GB/T 18884.2 的相关规定；

3）在横向管线布置高度的家具背板应可拆卸或设置检修口；

4）应在柜体的靠墙或转角位置预置调节板安装口；

5）吊柜及排油烟机底面距地面高宜为 1400～1600mm；

6）工作台面高度应为 800～850mm；工作台面与吊柜底面的距离宜为 500～700mm；

7）灶具柜设计应考虑燃气管道及排油烟机排气口位置，灶具柜外缘与燃气主管道水平距离不应小于 300mm，左右外缘至墙面之间距离不应小于 150mm，灶具柜两侧宜有存放调料的空间及放置锅具等容器的台位。

（5）厨房电气系统设计应符合下列规定：

1）厨房的电气线路宜沿吊顶敷设；

2）线缆沿架空地板敷设时，应采用套管或线槽保护，严禁直接敷设；线缆在架空地板敷设时，不应与热水、燃气管道交叉；

3）导线应采用截面面积不小于 $5mm^2$ 的铜芯绝缘线，保护地线线径不得小于 N 线和 PE 线的线径；

4）厨房插座应由独立回路供电；

5）安装在 1.8m 及以下的插座均应采用安全型插座；

6）厨房内应按相应用电设备布置专用单相三孔插座；

7）嵌入式厨房电器的专用电源插座，应预留方便拔插的电源插头空间；

8）靠近水、火的电源插座及接线，其管线应加保护层，插座及接线应符合现行国家标准《建筑电气工程施工质量验收规范》GB 50303 中的相关规定。

2. 厨房设备、部品设置与安装

（1）厨房设备的设置应符合下列规定：

1）排油烟机平面尺寸应大于灶具平面尺寸 100mm 以上；

2）燃气热水器左右两侧应留有 200mm 以上净空，正面应留有 600mm 以上净空；

3）燃气热水器与燃气灶具的水平净距不得小于 300mm；燃气热水器上部不应有明敷的电线、电器设备及易燃物，下部不应设置灶具等燃具；

4）嵌入式厨房电器最大深度，地柜应小于 500mm，吊柜应小于 300mm；

5）电器不应安装在热源附近；电磁灶下方不应安装其他电器；

6）厨房设备应有漏电防护措施。

（2）厨房部品的设置间距和误差应符合下列规定：

1）台面及前角拼缝误差应不大于 0.5mm；

2）吊柜与地柜的相对应侧面直线度允许误差应不大于 2.0mm；

3）在墙面平直条件下，后挡水板与墙面之间距离应不大于 2.0mm；

4）橱柜左右两侧面与墙面之间距离应不大于 10mm；

5）地柜台面距地面高度误差应在 ±10mm 内；

6）嵌式灶具与排油烟机中心线偏移允许误差应在 ±20mm 内；

7）台面拼接时的错位不得超过 0.5mm，接缝不应靠近洗涤槽和嵌式灶具；

8）相邻吊柜、地柜和高柜之间应采用柜体连接件固定，柜与柜之间的层错位、面错位不得超过 1.0mm；

9）洗涤槽外缘至墙面距离应不小于 70mm，洗涤槽外缘至给水主管距离不宜小于 50mm。

（3）当采用架空地板时，横向支管布置应符合下列规定：

1）排水管应同层敷设，在本层内接入排水立管和排水系统，不应穿越楼板进入其他楼层空间；

2）排水管道宜敷设在架空地板内，并应采取可靠的隔声、减噪措施；

3）供暖热水管道宜敷设在架空地板内。

（4）厨房共用排气道应符合现行国家标准《住宅设计规范》GB 50096 的规定，并应符合下列规定：

1）厨房内各类用气设备排出的烟气必须排至室外；

2）严禁任何管线穿越共用排气道；

3）排气道应独立设置，其井壁应为耐火极限不低于 1.0h 的不燃烧体，井壁上的检查门应采用丙级防火门；

4）竖井排气道的防火阀应安装在水平风管上。

（5）厨房设备安装应符合设计和产品安装说明书的要求，并应符合下列规定：

1）燃气灶具和用气设备安装前应检验相关文件，不符合规定的产品不得安装使用；

2）应根据燃气灶具的外形尺寸对台面进行开孔；

3）燃气灶具的进气接头与燃气管道接口之间的接驳应严密，接驳部件应用卡箍紧固，不得有漏气现象，并应进行严密性检测；

4）吸油烟机的中心应对准灶具中心，吸油烟机的吸孔宜正对炉眼。

（6）洗涤槽的给水、排水接口与厨房给水管和排水管的接驳应符合下列规定：

1）给水立管与支管连接处均应设一个活接口，各户进水应设有阀门；

2）洗涤槽排水管的安装应符合下列规定：

①应将洗涤槽的下水接口及其附件安装好；

②洗涤槽与台面相接处应采用防水密封胶密封，不得渗漏水；

③将洗涤槽的水龙头与给水接口连接好；

④与排水立管相连时应优先采用硬管连接，并应符合设计的坡度要求。

3. 厨房验收与交付

（1）验收时应检查下列文件和记录：

1）施工图、设计说明及其他设计文件；

2）材料的产品合格证书、性能检测报告和进场验收记录；

3）施工记录。

（2）安装过程中及交付前，应采用包裹、覆盖、贴膜等可靠措施对橱柜、设备、接驳口等容易污染或损坏的成品、半成品进行保护。

（3）厨房部品、厨房设施的生产厂家应提供使用手册，手册应包括下列内容：

1）产品概述；

2）结构特征与使用原理；

3）技术特性；

4）尺寸；

5）材料；

6）安装、调整；

7）使用；

8）故障分析与排除；

9）保养；

10）搬运、储存；

11）图、表、照片等；

12）其他需要说明的内容。

2.1.4 《装配式整体卫生间应用技术标准》JGJ/T 467—2018

1. 给水排水与防水

（1）整体卫生间的给水设计应符合下列规定：

1）与电热水器连接的塑料给水管道应有金属管段过渡，金属管长度不应小于400mm；

2）当使用非饮用水源时，供水管应采取严格的防止误接、误用、误饮的安全措施。

（2）整体卫生间的排水设计应符合下列规定：

1）采用同层排水方式时，应按所采用整体卫生间的管道连接要求确定降板区域和降板深度，并应有可靠的管道防渗漏措施；

2）从排水立管或主干管接出的预留管道，应靠近整体卫生间的主要排水部位。

（3）整体卫生间宜采用同层排水方式；当采取结构局部降板方式实现同层排水时，应结合排水方案及检修要求等因素确定降板区域；降板高度应根据防水盘厚度、卫生器具布置方案、管道尺寸及敷设路径等因素确定。

（4）防水盘的性能应符合表 2-3 的规定。

防水盘性能　　　　　　　　　　　　　　　　　　　表 2-3

项目	性能要求		试验方法
挠度（mm）	≤3		按现行国家标准《整体浴室》GB/T 13095 的规定执行
巴柯尔硬度	≥235		
耐砂袋冲击	表面无变形、破损及裂纹等缺陷		
耐落球冲击	表面无裂纹等缺陷		
耐渗水性	无渗漏现象		
耐酸性	外观	无裂纹、无分层等缺陷	
	巴柯尔硬度	≥30	
耐碱性	外观	无裂纹、无分层等缺陷	
	巴柯尔硬度	≥30	
耐污染性	色差 $\Delta E < 3.5$		
耐热水性 A	表面无裂纹、鼓泡或明显变色		
耐热水性 B	表面无裂纹、鼓泡或明显变色		
防滑性能	静摩擦系数 $COF \geq 0.60$（干态）防滑值 $BPN \geq 60$（湿态）		按现行行业标准《建筑地面工程防滑技术规程》JGJ/T 331 的规定执行

2. 部品与部件

（1）整体卫生间应提高装配化水平，防水盘、壁板、顶板、检修口、连接件和加强件等主要组成部件应在工厂内制作完成。

（2）整体卫生间防水盘、壁板、顶板、检修口、连接件和加强件等应在工厂加工完成。

（3）整体卫生间生产完毕，检验合格后应签署出厂合格证，出厂合格证应标注产品编码、制造商名称、生产日期和检验员代码等信息。

（4）整体卫生间外包装应在明显部位标注明细清单，其内容应包括：制造商名称、工程名称、产品名称、产品编码及质检人。若有易损坏物件应注明装卸、运输要求。

3. 整体卫生间安装

（1）整体卫生间的壁板与壁板、壁板与防水盘、壁板与顶板的连接构造应满足防渗漏和防潮的要求。

（2）整体卫生间的预留安装尺寸应符合下列规定：

1）整体卫生间壁板与其外围合墙体之间应预留安装尺寸（图 2-1），并应符合下列规定：

①当无管线时，不宜小于 50mm；

②当敷设给水或电气管线时，不宜小于 70mm；

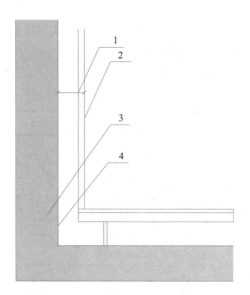

图 2-1　整体卫生间壁板预留安装尺寸

1—预留安装尺寸；2—整体卫生间壁板内侧；3—外围合墙体；4—整体卫生间防水盘

③当敷设洗面器墙排水管线时，不宜小于 90mm。

2）当采用降板方式时，整体卫生间防水盘与其安装结构面之间应预留安装尺寸（图 2-2），并应符合下列规定：

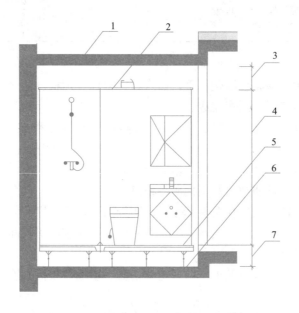

图 2-2　整体卫生间防水盘、顶板预留安装尺寸

1—卫生间顶部结构楼板下表面；2—整体卫生间顶板内表面；3—结构最低点与卫生间顶板的间距；

4—卫生间净高；5—防水盘面层；6—卫生间安装的结构楼板上表面；7—防水盘预留安装高度

①当采用异层排水方式时，不宜小于 110mm；

②当采用同层排水后排式坐便器时，不宜小于200mm；

③当采用同层排水下排式坐便器时，不宜小于300mm。

3）整体卫生间顶板与卫生间顶部结构最低点的间距不宜小于250mm。

（3）整体卫生间施工安装前应结合工程的施工组织设计文件及相关资料制定施工专项方案，宜包括以下内容：

1）设计布置图、产品型号、材质及特点说明等；

2）施工安装方案：施工安装人员、机械机具组织调配、现场布置、安装工艺要求、安装顺序、工期进度要求等；

3）施工安装界面条件：空间尺寸、管线安装预留、现场条件要求等；

4）施工安装工序的检查、验收要求、成品保护以及质量保证的措施，安全、文明施工及环保措施要求等。

（4）整体卫生间安装前的准备工作应符合下列规定：

1）整体卫生间产品应进行进场验收，应检查产品合格证、检验报告；

2）应复核整体卫生间安装位置线，并应在现场做好明显标识；

3）整体卫生间的安装地面应按设计要求完成施工；

4）与整体卫生间连接的管线应敷设至安装要求位置，并应验收合格。

（5）现场装配式整体卫生间宜按下列顺序安装：

1）按设计要求确定防水盘标高；

2）安装防水盘，连接排水管；

3）安装壁板，连接管线；

4）安装顶板，连接电气设备；

5）安装门、窗套等收口；

6）安装内部洁具及功能配件；

7）清洁、自检、报验和成品保护。

（6）防水盘的安装应符合下列规定：

1）底盘的高度及水平位置应调整到位，底盘应完全落实、水平稳固、无异响现象；

2）当采用异层排水方式时，地漏孔、排污孔等应与楼面预留孔对正。

（7）整体吊装式整体卫生间宜按下列顺序安装：

1）将工厂组装完成的整体卫生间，经检验合格后，做好包装保护，由工厂运至施工现场，利用垂直和平移工具将其移动到安装位置就位；

2）拆掉整体卫生间门口包装材料，进入卫生间内部检验有无损伤，通过调平螺栓调整好整体卫生间的水平度、垂直度和标高；

3）完成整体卫生间与给水、排水、供暖预留点位、电路预留点位连接和相关试验；

4）拆掉整体卫生间外围包装保护材料，由相关单位进行整体卫生间外围合墙体的施工；

5）安装门、窗套等收口；

6）清洁、自检、报检和成品保护。

4. 质量验收

（1）整体卫生间分项工程质量验收应检查下列文件和记录：

1）设计方案图及设计变更，施工技术交底文件；

2）主要组成材料的产品合格证书、出厂合格证、性能检验报告；

3）自检记录、检验批质量验收记录等。

（2）整体卫生间应对下列项目进行验收，并做好记录：

1）给水与供暖管道的连接，接头处理，水管试压，风管严密性检验；

2）排水管道的连接，接头处理，满水排泄试验；

3）电线与电器的连接，绝缘电阻测试，等电位联结测试。

2.1.5 《轻板结构技术标准》JGJ/T 486—2020

1. 轻质墙板结构布置

（1）轻质墙板厚度应符合下列规定：

1）外墙板厚度不宜小于150mm，不应小于120mm；

2）承重内墙板厚度不应小于120mm；

3）隔墙板厚度不应小于75mm。

（2）布置应符合下列规定：

1）结构布置应使结构传力途径简捷、明确；

2）结构平面及立面布置宜规则、连续，墙体宜在结构的两个主轴方向均匀布置；

3）墙体及墙上门窗洞口宜上、下对齐，偏心布置时应考虑偏心的不利影响；

4）楼板及屋面板布置不宜错层；

5）当轻板结构平面和竖向布置不规则时，应采取专门措施。

（3）墙板与基础之间的连接应符合下列规定：

1）当采用焊接连接时（图2-3），墙板和基础应设预埋件，通过角钢或槽钢连接件焊接；

2）当采用专用胶粘剂连接时（图2-4），墙板端部应采用冷弯薄壁槽钢封边，槽钢厚度不应小于3mm，槽钢与基础顶面应可靠粘结；

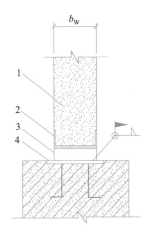 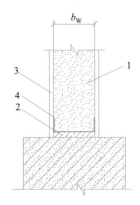

图2-3　墙板与基础焊接连接

1—墙板；2—墙板预埋件；3—连接件；
4—基础预埋件

图2-4　墙板与基础胶粘剂连接

1—墙板；2—胶粘剂填满挤实；3—满铺耐碱玻纤
网格布腻子或聚合物水泥胶浆抹平；4—薄壁槽钢

3）当采用自攻螺钉连接时（图 2-5），在墙下基础上应设通长钢板卡，并通过自攻螺钉和水泥射钉可靠连接；

4）蒸压轻质加气混凝土墙板与基础连接时（图 2-6），墙板之间企口内应布置钢筋，并应将钢筋锚入基础内，墙板中间位置可采用插入墙板内的连接钢管与连接钢板焊接，连接钢板与基础采用水泥射钉连接。

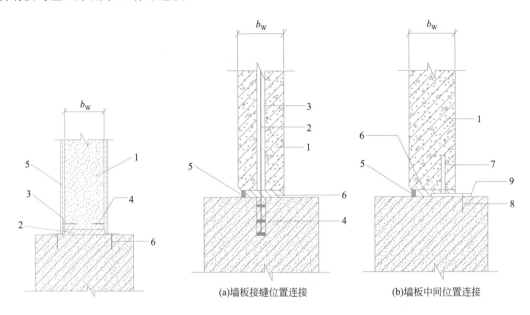

(a)墙板接缝位置连接　　(b)墙板中间位置连接

图 2-5　墙板与基础自攻螺钉连接

1—墙板；2—防潮水泥砂浆填满挤实；
3—通长钢板卡；4—自攻螺钉；5—墙板
找平层；6—水泥射钉

图 2-6　蒸压轻质加气混凝土墙板与基础连接

1—蒸压加气混凝土板；2—接缝钢筋；3—水泥砂浆；
4—接缝钢筋锚入基础；5—密封胶；6—水泥砂浆找平层；
7—连接钢管；8—水泥射钉；9—连接钢板

（4）墙板之间拼接时，墙板间应预留不大于 10mm 的拼接缝，拼接做法应符合下列规定：

1）采用焊接连接时（图 2-7），应在墙板对应部位设预埋件并沿墙高均匀布置连接件，连接件截面尺寸和间距应通过计算确定，焊缝可采用间断焊，焊缝构造应符合国家现行有关标准的规定；

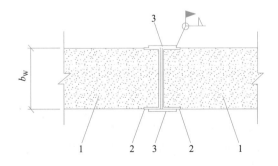

图 2-7　墙板焊接连接

1—墙板；2—墙板预埋型钢；3—连接件

2）采用专用胶粘剂粘结时（图 2-8），在接缝处附加不小于 200mm 宽耐碱玻纤网格布增强，并刮腻子或用聚合物水泥胶浆找平；

3）蒸压加气混凝土墙板之间可采用专用胶粘剂和水泥砂浆连接（图 2-9），先用专用胶粘剂将左右板接触面粘结，墙板对接形成的圆孔企口内竖向布置 1 根直径不小于 10mm 的钢筋，并采用水泥砂浆灌注圆孔企口，墙板内侧缝隙由专用勾缝剂勾缝，墙板外侧由专用密封胶密封。

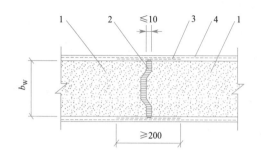

图 2-8　墙板胶粘剂连接

1—墙板；2—胶粘剂填满挤紧；3—附加≥200mm
宽耐碱玻纤网格布增强；4—满铺玻纤网格布刮腻子
或用聚合物水泥胶浆找平

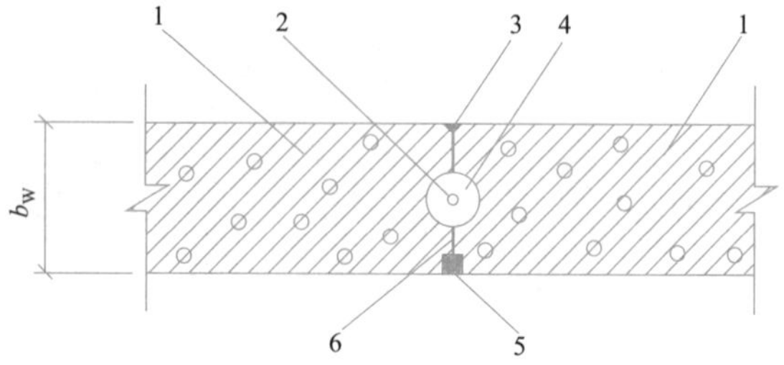

图 2-9　蒸压加气混凝土墙板连接

1—蒸压加气混凝土墙板；2—钢筋；3—内侧专用勾缝剂；
4—水泥砂浆；5—外侧专用密封胶；6—专用胶粘剂

（5）纵横墙之间的连接应符合下列规定：

1）采用焊接连接时（图 2-10），应在墙板对应部位设预埋件并沿墙高均匀布置连接件，连接件截面尺寸和间距应通过计算确定，焊缝构造应符合现行国家标准《钢结构焊接规范》GB 50661 的相关规定；

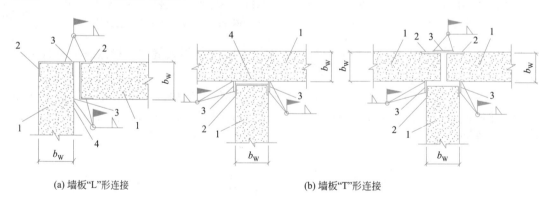

(a) 墙板"L"形连接　　　　　　　　　　(b) 墙板"T"形连接

图 2-10　纵横墙焊接连接

1—墙板；2—墙板预埋型钢；3—连接件；4—墙板预埋板

2）采用专用胶粘剂粘结时（图 2-11），胶缝不应大于 10mm，并应在墙外侧和内侧转角接缝处附加不小于 200mm 宽耐碱玻纤网格布增强；

3）承重墙板纵横墙采用构造柱连接时，构造柱可采用混凝土（图 2-12）或型钢（图 2-13）。混凝土构造柱纵向钢筋不应小于 4ϕ10，箍筋不应小于 ϕ6@200；型钢可采用薄壁 H 型钢，型钢高度不小于墙板厚度的 2/3，型钢与墙板预埋件采用间断焊，型钢空

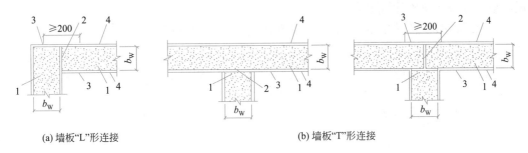

(a) 墙板"L"形连接　　　　　　　　(b) 墙板"T"形连接

图 2-11　纵横墙胶粘剂连接

1—墙板；2—胶粘剂填满挤紧；3—附加≥200mm 宽耐碱玻纤网格布增强；

4—满铺玻纤网格布刮腻子或用聚合物水泥胶浆找平

隙内可填充岩棉保温材料。

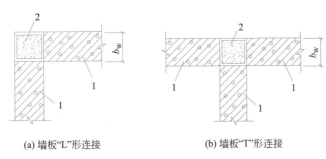

(a) 墙板"L"形连接　　　　　　　　(b) 墙板"T"形连接

图 2-12　墙板混凝土构造柱连接

1—墙板；2—混凝土柱

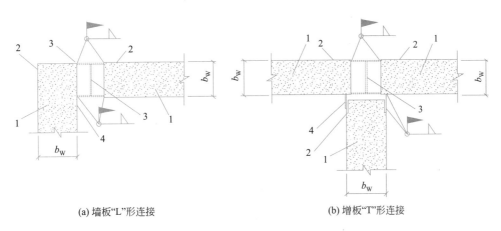

(a) 墙板"L"形连接　　　　　　　　(b) 增板"T"形连接

图 2-13　墙板型钢构造柱连接

1—墙板；2—墙板预埋型钢；3—型钢构造柱；4—连接板

（6）墙板与楼板的连接应符合下列规定：

1）外墙应在楼板标高处设置连续布置的混凝土圈梁或型钢圈梁，圈梁与墙板应可靠连接；

2）墙板和楼板应在端部设预埋件，通过预埋件之间的连接、预埋件与圈梁的连接实现墙板、楼板之间的可靠连接；

3）楼板深入墙体的距离 a 不应小于墙厚的40%（图2-14）；

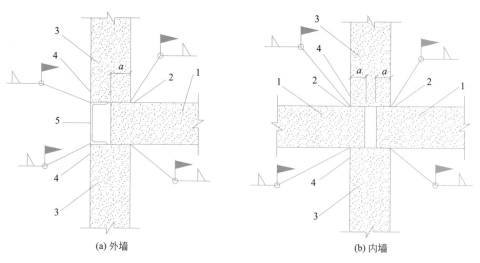

(a) 外墙　　　　　　(b) 内墙

图 2-14　墙板与楼板连接

1—楼板；2—楼板预埋件；3—墙板；4—墙板预埋件；5—连续的圈梁（型钢或混凝土圈梁）

4）蒸压加气混凝土墙板与楼板连接处（图2-15），外墙板可通过现浇混凝土圈梁、企口内竖向连接钢筋、连接钢管、连接钢板、楼板叠合层，将上、下层墙板及楼板连接在一起。

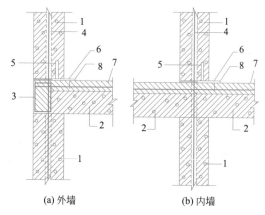

(a) 外墙　　　　　　(b) 内墙

图 2-15　蒸压加气混凝土墙板与楼板连接

1—蒸压加气混凝土墙板；2—蒸压加气混凝土楼板；3—圈梁；4—企口内钢筋；
5—连接钢管；6—水泥射钉；7—混凝土叠合层；8—连接钢板

2. 轻板材料及金属连接件的性能要求

（1）外墙板或屋面板材料抗冻性应根据所处地区的建筑热工分区确定。夏热冬暖地区不应低于F15，夏热冬冷地区不应低于F25，寒冷地区不应低于F35，严寒地区不应低于F50。

（2）外墙板和屋面板的软化系数不应小于0.85，楼板和隔墙板的软化系数不应小于 0.80。

（3）安装轻板的金属连接件采用低碳钢、低合金高强度钢、不锈钢或耐候钢时，连接件厚度不宜小于 3.0mm；当采用铝合金材料时，连接件厚度不宜小于 4.0mm。

3. 轻板结构分项工程验收

（1）轻板结构分项工程根据材料可划分为轻板、连接材料、防水材料、保温材料等检验批，轻板结构施工可分为墙板安装、楼板安装、屋面板安装、板缝连接、保温安装等检验批。

（2）同一批材料制成的相同规格的轻板，每 1000 件为一个检验批，不足 1000 件时亦作一个检验批。

（3）轻板结构工程验收时，除应按现行国家标准《混凝土结构工程施工质量验收规范》GB 50204 提供文件外，尚应提交下列文件和记录：

1）轻板、连接材料、防水材料、保温材料等的质量证明文件、进场验收记录、抽样复验报告；

2）轻板承载力、正常使用性能检验报告；

3）连接材料强度检验报告；

4）轻板安装施工记录文件；

5）隐蔽工程检查验收文件；

6）分项工程质量验收文件；

7）其他必要文件和记录。

第 2 节　建筑信息管理

2.2.1　《建筑信息模型设计交付标准》GB/T 51301—2018

1. 建筑信息模型单元

（1）建筑信息模型应由模型单元组成，交付全过程应以模型单元作为基本操作对象。建筑信息模型所包含的模型单元应分级建立，分级应符合表 2-4 的规定。

模型单元的分级　　　　　　　　　　　　　　　　　表 2-4

模型单元分级	模型单元用途
项目级模型单元	承载项目、子项目或局部建筑信息
功能级模型单元	承载完整功能的模块或空间信息
构件级模型单元	承载单一的构配件或产品信息
零件级模型单元	承载从属于构配件或产品的组成零件或安装零件信息

（2）模型单元应以几何信息和属性信息描述工程对象的设计信息，可使用二维图形、文字、文档、多媒体等方式补充和增强表达设计信息。

（3）当模型单元的几何信息与属性信息不一致时，应优先采信属性信息。属性宜包括中文字段名称、编码、数据类型、数据格式、计量单位、值域、约束条件；交付表达时，应至少包括中文字段名称、计量单位。

（4）模型单元的几何信息应符合下列规定：

1）应选取适宜的几何表达精度呈现模型单元几何信息；

2）在满足设计深度和应用需求的前提下，应选取较低等级的几何表达精度；

3）不同的模型单元可选取不同的几何表达精度。

（5）建筑信息模型的表达方式宜包括模型视图、表格、文档、图像、点云、多媒体及网页，各种表达方式间应具有关联访问关系。

2. 建筑信息模型及其交付物的命名规则

（1）建筑信息模型及其交付物的命名应简明且易于辨识。

（2）模型单元及其属性命名宜符合下列规定：

1）宜使用汉字、英文字符、数字、半角下划线"_"和半角连字符"-"的组合；

2）字段内部组合宜使用半角连字符"-"，字段之间宜使用半角下划线"_"分隔；

3）各字符之间、符号之间、字符与符号之间均不宜留空格。

属性信息表电子文件的名称可由表格编号、模型单元名称、表格生成时间、数据格式、描述依次组成，由半角下划线"."隔开，字段内部的词组宜由半角连字符"-"隔开。

（3）电子文件夹的名称宜由顺序码、项目简称、分区或系统、设计阶段、文件夹类型和描述依次组成，以半角下划线"."隔开，字段内部的词组宜以半角连字符"-"隔开，并宜符合下列规定：

1）顺序码宜采用文件夹管理的编码，可自定义；

2）项目简称宜采用识别项目的简要称号，可采用英文或拼音，项目简称不宜空缺；

3）分区或系统应简述项目子项、局部或系统，应使用汉字、英文字符、数字的组合；

4）设计阶段应划分为方案设计、初步设计、施工图设计、深化设计等阶段；

5）文件夹类型宜符合表 2-5 的规定；

文件夹类型

表 2-5

文件夹类型	文件夹类型(英文)	内含文件主要适用范围
工作中	Work In Progress(可简写为 WIP)	仍在设计中的设计文件
共享	Shared	专业设计完成的文件，但仅限于工程参与方内部协同
出版	Published	已经设计完成的文件，用于工程参与方之间的协同
存档	Archived	设计阶段交付完成后的文件
外部参考	Incoming	来源于工程参与方外部的参考性文件
资源	Resources	应用在项目中的资源库中的文件

6）用于进一步说明文件夹特征的描述信息可自定义。

（4）电子文件的名称宜由项目编号、项目简称、模型单元简述、专业代码、描述依次组成，以半角下划线"-"隔开，字段内部的词组宜以半角连字符"-"隔开，并宜符合下列规定：

1）项目编号宜采用项目管理的数字编码，无项目编码时宜以"000"替代；

2）项目简称宜采用识别项目的简要称号，可采用英文或拼音，项目简称不宜空缺；

3）模型单元简述宜采用模型单元的主要特征简要描述；

4）专业代码宜符合表 2-6 的规定，当涉及多专业时可并列所涉及的专业；

专业代码　　　　　　　　　　　　　　　　表 2-6

专业(中文)	专业(英文)	专业代码(中文)	专业代码(英文)
规划	Planning	规	PL
总图	General	总	G
建筑	Architecture	建	A
结构	Structural	结	S
给水排水	Plumbing	水	P
暖通	Mechanical	暖	M
电气	Electrical	电	E
智能化	Telecommunications	通	T
动力	Energy Power	动	EP
消防	Fire Protection	消	F
勘察	Investigation	勘	V
景观	Landscape	景	L
室内装饰	Interior Design	室内	I
绿色节能	Green Building	绿建	GR
环境工程	Environmental Engineering	环	EE
地理信息	Geographic Information System	地	GIS
市政	Civil Engineering	市政	CE
经济	Economics	经	EC
管理	Management	管	MT
采购	Procurement	采购	PC
招投标	Bidding	招投标	BI
产品	Product	产品	PD
建筑信息模型	Building Information Modeling	模型	BIM
其他专业	Other Disciplines	其他	X

5）用于进一步说明文件内容的描述信息可自定义。

3. 建筑信息模型的交付物

（1）建筑信息模型的交付物应包括建筑信息模型，宜包括属性信息表、工程图纸、项目需求书、建筑信息模型执行计划、建筑指标表、模型工程量清单。

（2）设计阶段的模型交付过程应由建筑信息模型提供方和建设方共同完成，并应符合下列规定：

1）提供方根据项目需求文件向建设方提供交付物；

2）建设方应根据基本建设程序要求复核交付物及其提供的信息；

3）建筑信息模型设计信息的修改应由提供方完成，并应将修改信息提供给建设方。

（3）面向应用的模型交付过程应由建筑信息模型提供方和应用方共同完成，并应符合下列规定：

1）提供方应根据应用需求文件向应用方提供交付物；

2）应用方应复核交付物及其提供的信息，并应提取所需的模型单元形成应用数据集；

3）应用方可根据建筑信息模型的设计信息创建应用模型。应用模型创建和使用过程中，不应修改设计信息；

4）建筑信息模型设计信息的修改应由提供方完成，并应将修改信息提供给应用方。

（4）设计阶段交付和竣工移交的模型单元模型精细度宜符合下列规定：

1）方案设计阶段模型精细度等级不宜低于 $LOD1.0$；

2）初步设计阶段模型精细度等级不宜低于 $LOD2.0$；

3）施工图设计阶段模型精细度等级不宜低于 $LOD3.0$；

4）深化设计阶段模型精细度等级不宜低于 $LOD3.0$，具有加工要求的模型单元模型精细度不宜低于 $LOD4.0$；

5）竣工移交的模型精细度等级不宜低于 $LOD3.0$。

（5）设计阶段和竣工移交的交付物应符合表 2-7 的要求。

设计阶段和竣工移交的交付物　　　　　　　　　　表 2-7

代码	交付物的类别	方案设计阶段	初步设计阶段	施工图设计阶段	深化设计阶段	竣工移交
D1	建筑信息模型	▲	▲	▲	▲	▲
D2	属性信息表	—	△	△	△	▲
D3	工程图纸	△	△	▲	△	▲
D4	项目需求书	▲	▲	▲	△	▲
D5	建筑信息模型执行计划	△	▲	▲	▲	▲
D6	建筑指标表	▲	▲	▲	△	▲
D7	模型工程量清单	—	△	▲	▲	▲

注：表中▲表示应具备，△表示宜具备，—表示可不具备。

2.2.2 《建设工程文件归档规范》GB/T 50328—2014（2019 版）

1. 归档电子文件的质量要求

（1）归档的纸质工程文件应为原件，内容及其深度应符合国家现行有关工程勘察、设计、施工、监理等标准的规定，且必须真实、准确，应与工程实际相符合。

（2）计算机输出文字、图件以及手工书写材料，其字迹的耐久性和耐用性应符合现行国家标准《信息与文献　纸张上书写、打印和复印字迹的耐久性和耐用性　要求与测试方法》GB/T 32004 的规定。

（3）工程文件中文字材料幅面尺寸规格宜为 A4 幅面（297mm×210mm）　图纸宜采用国家标准图幅。工程文件应字迹清楚，图样清晰，图表整洁，签字盖章手续应完备。

（4）所有竣工图均应加盖竣工图章（图 2-16），并应符合下列规定：

1）竣工图章的基本内容应包括："竣工图"字样、施工单位、编制人、审核人、技术负责人、编制日期、监理单位、现场监理、总监。

2）竣工图章尺寸应为：50mm×80mm。

3）竣工图章应使用不易褪色的印泥，应盖在图标栏上方空白处。

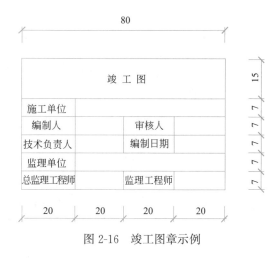

图 2-16　竣工图章示例

（5）归档的建设工程电子文件应采用或转换为表 2-8 所列的文件格式。

工程电子文件归档格式表　　　　　　　　　　表 2-8

文件类别	格式
文本（表格）文件	OFD、DOC、DOCX、XLS、XLSX、PDF/A、XML、TXT、RTF
图像文件	JPEG、TIFF
图形文件	DWG、PDF/A、SVG
视频文件	AVS、AVI. MPEG2、MPEG4
音频文件	AVS、WAV、AIF、MID、MP3
数据库文件	SQL、DDL、DBF、MDB、ORA
虚拟现实/3D 图像文件	WRL、3DS、VRML、X3D、IFC、RVT、DGN
地理信息数据文件	DXF、SHP、SDB

（6）归档的建设工程电子文件应包含元数据，以保证文件的完整性和有效性；应采用电子签名等手段，所载内容必须与其纸质档案一致，真实和可靠。

（7）建设工程电子文件离线归档的存储媒体，可采用移动硬盘、闪存盘、光盘、磁带等，存储移交电子档案的载体应经过检测，应无病毒、无数据读写故障，并应确保接收方能通过适当设备读出数据。

2. 立卷流程

（1）立卷应按下列流程进行：

1）对属于归档范围的工程文件进行分类，确定归入案卷的文件材料；

2）对卷内文件材料进行排列、编目、装订（或装盒）；

3）排列所有案卷，形成案卷目录。

（2）立卷应采用下列方法：

1）工程准备阶段文件应按建设程序、形成单位等进行立卷；

2）监理文件应按单位工程、分部工程或专业、阶段等进行立卷；

3）施工文件应按单位工程、分部（分项）工程进行立卷；

4）竣工图应按单位工程分专业进行立卷；

5）竣工验收文件应按单位工程分专业进行立卷；

6）电子文件立卷时，每个工程（项目）应建立多级文件夹，应与纸质文件在案卷设置上一致，并应建立相应的标识关系；

7）声像资料应按建设工程各阶段立卷，重大事件及重要活动的声像资料应按专题立卷，声像档案与纸质档案应建立相应的标识关系。

2.2.3 《建筑工程施工现场监管信息系统技术标准》JGJ/T 434—2018

1. 系统架构

（1）建筑工程施工现场监管信息系统应对建筑工程施工现场的质量、安全、环境及人员等状况实施监督管理，系统可由数据采集层、基础设施层、数据层、业务应用层和用户层等组成。

（2）数据采集层应实现建筑工程施工现场监管各类信息的收集。宜包括无线射频识别、卫星定位、视频感知、自动监测、智能移动终端采集、综合媒体等传感设备，宜具有身份识别、位置感知、图像感知、状态感知等能力。

（3）基础设施层应搭建起信息系统运行的基础软件、硬件、网络环境，宜包括基础软件、机房、硬件设备、安全设施、网络等基础设施，宜采用云技术、云存储形式。

（4）数据层宜包括建筑工程施工现场的基础数据、监管数据及其他数据，宜建立专门的共享数据库。

（5）业务应用层应由建筑工程施工现场监管各业务应用系统组成，宜建立政务网、公众网或移动网信息门户。

（6）用户层宜包括建设主管部门、建设单位、勘察单位、设计单位、施工单位和监理单位等相关业务人员以及系统管理员和数据维护人员等。

2. 数据共享

（1）数据共享应采取分级权限管理。

（2）系统应建立共享监控机制。宜记录数据共享交换过程的信息，包括发起方、接收方，采用的共享/交换规则、策略的运行情况等。宜比对发送日志和接收日志以验证发送和接收的一致性。

（3）系统应根据业务协同需求设计数据共享接口。数据共享接口的元数据编制、数据库设计、业务代码编制、数据报文设计、数据交换格式设计应符合国家现行相关标准的规定。

3. 安全与保密

（1）建筑工程施工现场监管信息系统应在数据安全保密的前提下实现数据共享。

（2）系统运行环境应符合国家信息安全保密管理的规定。

（3）系统应对所有用户进行统一身份认证，实现分权分域管理。

（4）建筑工程施工现场监管信息系统监管数据应随工程进度同步生成；应采取安全措施，原始数据不得被修改、截留和泄露。

4. 现场监管信息数据

（1）视频监控设备采集数据保存期限应大于 30d；环境监管数据的保存期限应符合下列规定：

1）施工现场端扬尘及噪声在线监测的数据保存期限应大于 30d；

2）系统服务器端扬尘及噪声在线监测的数据保存期限应大于 1 年；

3）环境监测的取证数据保存期限应大于 180d。

（2）建筑工程施工现场监管信息系统数据宜包括基础数据、监管数据及其他数据。

（3）工程基础数据应包括建筑工程施工项目信息、各方责任主体信息、人员信息、设备信息等。

（4）地理空间数据应包括基础底图数据、建筑工地分布图数据；宜包括建设主管部门、建设单位、施工单位、监理单位、设计单位、勘察单位等的位置信息。

（5）系统监管数据应包括质量监管数据、安全监管数据、环境监管数据、从业人员实名制监管数据以及监控视频数据等。具体见表 2-9。

系统监管数据统计表　　　　　　　　　　　　　　表 2-9

项　　目	数据具体内容	收集与整理标准
质量监管数据	应包括材料检测、工程结构实体检测等检测记录、检验批质量验收记录、分项工程质量验收记录、分部工程质量验收记录、单位工程竣工验收记录等； 宜包括施工组织方案、质量抽查记录、整改通知、工程整改报告、工程质量监督报告、行政处罚数据等	《建筑工程施工质量验收统一标准》GB 50300—2013
安全监管数据	应包括施工现场人员作业行为监管数据、施工机械设备运行安全监管数据、危险性较大的分部分项工程安全监管数据、安全防护相关设施设备安全监管数据、施工现场安全管理行为监管数据等，宜包括安全教育、专项安全施工方案等资料。数据内容宜包括检查、考评、验收、反馈记录表及照片、视频等	《建筑施工安全检查标准》JGJ 59—2011 和《建筑塔式起重机安全监控系统应用技术规程》JGJ 332—2014
环境监管数据	应包括工地扬尘监测数据、现场环境噪声监测数据、工地小气候气象监测数据等	环境监管数据的处理宜符合现行国家标准《环境空气质量标准》GB 3095 和《声环境质量标准》GB 3096，还应符合下列规定： 1. 工地扬尘监测数据应保留至小数点后 3 位；现场环境噪声声级监测数据应保留至小数点后 1 位。 2. 工地扬尘监测数据宜按现行行业标准《环境空气颗粒物（PM2.0 和 PM2.5）连续自动监测系统技术要求及检测方法》HJ 653 的规定进行异常值取舍；项目场景噪声监测数据宜按现行国家标准《声环境质量标准》GB 3096 的规定进行异常值取舍。所有无效数据均应标注标识符，可不参加统计，但应在原始数据库中保留。 3. 环境监管数据采集设备应对采集的数据进行有效性判定，并应标注标识符

项　　目	数据具体内容	收集与整理标准
从业人员实名制监管数据	从业人员基本信息与务工合同信息、项目实名制备案与用工花名册信息、企业工资支付专用账户信息、项目工资支付保证金信息、项目出勤计量信息、从业人员工资支付信息、从业人员务工行为评价信息等	
监控视频数据	建筑工程施工现场监控摄像头所采集、录制的视频等	《公共安全视频监控联网系统信息传输、交换、控制技术要求》GB/T 28181—2016 和《建筑工程施工现场视频监控技术规范》JGJ/T 292—2012
业务数据	系统运行过程中的建设主管部门检查记录、监理单位检查记录、建设单位自查记录、施工单位自查记录、公众举报数据和业务管理数据等	
运行支撑数据	系统机构定义、人员角色定义、业务定义、工作流程定义、业务表单定义、地图参数定义、统计报表定义和安全监管日志等	

5. 系统运维

（1）系统运维管理的主要对象应包括网络系统、主机和存储系统、数据库和软件系统。

（2）系统运维管理内容应包括设备运行状态、设备间网络端口转发与路由、业务数据库和应用进程等的日常监控和运行状态报告及对硬件设备操作系统、业务中间件软件、业务应用系统和数据库的优化配置等。

（3）系统运维管理流程应涉及配置管理、变更管理、故障管理和安全管理，并应符合下列规定：

1）配置管理应将系统中的配置元素记录在案，并应通过配置管理工作流程进行系统配置变更；

2）变更管理应包括实施变更流程控制，发生变更时应及时申请、及时审批和及时实施，变更应记录在案；

3）故障管理应对故障及时发现、及时报告、及时解决和及时存档；

4）安全管理应完成每一类管理任务，负责各自技术范围内的安全配置、检查和审核等工作。

（4）系统应能实现完善的用户管理机制，对管理员和用户角色应能分级授权。

（5）系统应实现日常数据增量备份和定期全备份，建立数据更新审批机制。数据更新宜在非主要业务时间进行，应能实现日志记录，各操作过程应具有可追溯性。

第 3 节　建筑主体结构施工

2.3.1　《建筑地基基础工程施工质量验收标准》GB 50202—2018

1. 修订的主要技术内容包括：

（1）调整了章节的编排。

（2）删除了原规范中对具体地基名称的术语说明，增加了与验收要求相关的术语内容。

（3）完善了验收的基本规定，增加了验收时应提交的资料、验收程序、验收内容及评价标准的规定。

（4）调整了振冲地基和砂桩地基，合并成砂石桩复合地基。

（5）增加了无筋扩展基础、钢筋混凝土扩展基础、筏形与箱形基础、锚杆基础等基础的验收规定。

（6）增加了咬合桩墙、土体加固及与主体结构相结合的基坑支护的验收规定。

（7）增加了特殊土地基基础工程的验收规定。

（8）增加了地下水控制和边坡工程的验收规定。

（9）增加了验槽检验要点的规定。

（10）删除了原规范中与具体验收内容不协调的规定。

2. 地基工程

（1）平板静载试验采用的压板尺寸应按设计或有关标准确定。素土和灰土地基、砂和砂石地基、土工合成材料地基、粉煤灰地基、注浆地基、预压地基的静载试验的压板面积不宜小于 $1.0m^2$；强夯地基静载试验的压板面积不宜小于 $2.0m^2$。复合地基静载试验的压板尺寸应根据设计置换率计算确定。

（2）地基承载力检验时，静载试验最大加载量不应小于设计要求的承载力特征值的 2 倍。

（3）砂石桩、高压喷射注浆桩、水泥土搅拌桩、土和灰土挤密桩、水泥粉煤灰碎石桩、夯实水泥土桩等复合地基的承载力必须达到设计要求。复合地基承载力的检验数量不应少于总桩数的 0.5%，且不应少于 3 点。有单桩承载力或桩身强度检验要求时，检验数量不应少于总桩数的 0.5%，且不应少于 3 根。

（4）砂和砂石地基施工中应检查分层厚度、分段施工时搭接部分的压实情况、加水量、压实遍数、压实系数。施工结束后，应进行地基承载力检验。

（5）施工中应检查基槽清底状况、回填料铺设厚度及平整度、土工合成材料的铺设方向、接缝搭接长度或接缝状况、土工合成材料与结构的连接状况等。施工结束后，应进行地基承载力检验。

（6）粉煤灰地基施工中应检查分层厚度、碾压遍数、施工含水量控制、搭接区碾压程度、压实系数等。施工结束后，应进行承载力检验。

（7）强夯地基施工中应检查夯锤落距、夯点位置、夯击范围、夯击击数、夯击遍数、每击夯沉量、最后两击的平均夯沉量、总夯沉量和夯点施工起止时间等。施工结束后，应进行地基承载力、地基土的强度、变形指标及其他设计要求指标检验。

（8）注浆地基施工前应检查注浆点位置、浆液配比、浆液组成材料的性能及注浆设备性能。施工结束后，应进行地基承载力、地基土强度和变形指标检验。

（9）预压地基施工前应检查施工监测措施和监测初始数据、排水设施和竖向排水体等。施工中应检查堆载高度、变形速率，真空预压施工时应检查密封膜的密封性能、真空表读数等。施工结束后，应进行地基承载力与地基土强度和变形指标检验。

（10）振冲法施工的砂石桩复合地基，施工前应检查砂石料的含泥量及有机质含量等。振冲法施工前应检查振冲器的性能，应对电流表、电压表进行检定或校准。施工中尚应检查密实电流、供水压力、供水量、填料量、留振时间、振冲点位置、振冲器施工参数等。

施工结束后，应进行复合地基承载力、桩体密实度等检验。

（11）高压喷射注浆复合地基施工前应检验水泥、外掺剂等的质量，桩位，浆液配比，高压喷射设备的性能等，并应对压力表、流量表进行检定或校准。施工中应检查压力、水泥浆量、提升速度、旋转速度等施工参数及施工程序。施工结束后，应检验桩体的强度和平均直径，以及单桩与复合地基的承载力等。

（12）水泥土搅拌桩复合地基施工前应检查水泥及外掺剂的质量、桩位、搅拌机工作性能，并应对各种计量设备进行检定或校准。施工中应检查机头提升速度、水泥浆或水泥注入量、搅拌桩的长度及标高。施工结束后，应检验桩体的强度和直径，以及单桩与复合地基的承载力。

（13）土和灰土挤密桩复合地基施工前应对石灰及土的质量、桩位等进行检查。施工中应对桩孔直径、桩孔深度、夯击次数、填料的含水量及压实系数等进行检查。施工结束后，应检验成桩的质量及复合地基承载力。

（14）水泥粉煤灰碎石桩复合地基施工前应对入场的水泥、粉煤灰、砂及碎石等原材料进行检验。施工中应检查桩身混合料的配合比、坍落度和成孔深度、混合料充盈系数等。

施工结束后，应对桩体质量、单桩及复合地基承载力进行检验。

夯实水泥土桩复合地基施工前应对进场的水泥及夯实用土料的质量进行检验。施工中应检查孔位、孔深、孔径、水泥和土的配比及混合料含水量等。施工结束后，应对桩体质量、复合地基承载力及褥垫层夯填度进行检验。

3. 基础工程

（1）灌注桩混凝土强度检验的试件应在施工现场随机抽取。来自同一搅拌站的混凝土，每浇筑 $50m^3$ 必须至少留置 1 组试件；当混凝土浇筑量不足 $50m^3$ 时，每连续浇筑 12h 必须至少留置 1 组试件。对单柱单桩，每根桩应至少留置 1 组试件。

1）灌注桩的桩径、垂直度及桩位允许偏差应符合表 2-10 的规定；

灌注桩的桩径、垂直度及桩位允许偏差　　　　　　　　表 2-10

序	成孔方法		桩径允许偏差(mm)	垂直度允许偏差	桩位允许偏差(mm)
1	泥浆护壁钻孔桩	$D<1000mm$	$\geqslant0$	$\leqslant1/100$	$\leqslant70+0.01H$
		$D\geqslant1000mm$			$\leqslant100+0.01H$
2	套管成孔灌注桩	$D<500mm$	$\geqslant0$	$\leqslant1/100$	$\leqslant70+0.01H$
		$D\geqslant500mm$			$\leqslant100+0.01H$
3	干成孔灌注桩		$\geqslant0$	$\leqslant1/100$	$\leqslant70+0.01H$
4	人工挖孔桩		$\geqslant0$	$\leqslant1/200$	$\leqslant50+0.005H$

注：1. H 为桩基施工面至设计桩顶的距离（mm）。
　　2. D 为设计桩径（mm）。

2）工程桩应进行承载力和桩身完整性检验；

3）设计等级为甲级或地质条件复杂时，应采用静载试验的方法对桩基承载力进行检验，检验桩数不应少于总桩数的 1%，且不应少于 3 根，当总桩数少于 50 根时，不应少于 2 根。在有经验和对比资料的地区，设计等级为乙级、丙级的桩基可采用高应变法对桩基进行竖向抗压承载力检测，检测数量不应少于总桩数的 5%，且不应少于 10 根；

4）工程桩的桩身完整性的抽检数量不应少于总桩数的 20%，且不应少于 10 根。每根柱子承台下的桩抽检数量不应少于 1 根。

（2）钢筋混凝土预制桩施工前应检验成品桩构造尺寸及外观质量。施工中应检验接桩质量、锤击及静压的技术指标、垂直度以及桩顶标高等。施工结束后应对承载力及桩身完整性等进行检验。

（3）泥浆护壁成孔灌注桩施工前应检验灌注桩的原材料及桩位处的地下障碍物处理资料。施工中应对成孔、钢筋笼制作与安装、水下混凝土灌注等各项质量指标进行检查验收；嵌岩桩应对桩端的岩性和入岩深度进行检验。施工后应对桩身完整性、混凝土强度及承载力进行检验。

（4）人工挖孔桩应复验孔底持力层土岩性，嵌岩桩应有桩端持力层的岩性报告。

（5）岩石锚杆基础施工中应对孔位、孔径、孔深、注浆压力等进行检验。施工结束后应对抗拔承载力和锚固体强度进行检验。

4. 特殊土地基基础工程

（1）湿陷性黄土场地。

1）土和灰土挤密桩地基：对预钻孔夯扩桩，在施工前应检查夯锤重量、钻头直径，施工中应检查预钻孔孔径、每次填料量、夯锤提升高度、夯击次数、成桩直径等参数；

2）对复合土层湿陷性、桩间土湿陷系数、桩间土平均挤密系数进行检验；

3）桩基或水泥粉煤灰碎石桩等复合地基的工程，应对挤密桩和桩基或复合地基分别验收；

4）预浸水法质量检验应符合下列规定：

①施工前应检查浸水坑平面开挖尺寸和深度、浸水孔数量、深度和间距；

②施工中应检查湿陷变形量及浸水坑内水头高度。

（2）冻土。

冻土地区保温隔热地基的验收应符合下列规定：

1）施工前应对保温隔热材料单位面积的质量、厚度、密度、强度、压缩性等做检验；

2）施工中应检查地基土质量，回填料铺设厚度及平整度，保温隔热材料的铺设厚度、方向、接缝、防水、保护层与结构连接状况；

3）施工结束后应进行承载力或压缩变形检验。

（3）盐渍土地基中设置隔水层时，隔水层施工前应检验土工合成材料的抗拉强度、抗老化性能、防腐蚀性能，施工过程中应检查土工合成材料的搭接宽度或焊接强度、保护层厚度等。

盐渍土地区基础施工前应检验建筑材料（砖、砂、石、水等）的含盐量、防腐添加剂及防腐涂料的质量，施工过程中应检验防腐添加剂的用法和用量、防腐涂层的施工质量。

5. 基坑支护工程

（1）基坑支护结构施工前应对放线尺寸进行校核，施工过程中应根据施工组织设计复核各项施工参数，施工完成后宜在一定养护期后进行质量验收。

（2）基坑开挖过程中，应根据分区分层开挖情况及时对基坑开挖面的围护墙表观质量，支护结构的变形、渗漏水情况以及支撑竖向支承构件的垂直度偏差等项目进行检查。

（3）基坑支护工程验收应以保证支护结构安全和周围环境安全为前提。

（4）土钉墙支护工程施工过程中应对放坡系数，土钉位置，土钉孔直径、深度及角度，土钉杆体长度，注浆配比、注浆压力及注浆量，喷射混凝土面层厚度、强度等进行检验。

（5）地下连续墙施工中应定期对泥浆指标、钢筋笼的制作与安装、混凝土的坍落度、预制地下连续墙墙段安放质量、预制接头、墙底注浆、地下连续墙成槽及墙体质量等进行检验。

（6）内支撑施工前，应对放线尺寸、标高进行校核。对混凝土支撑的钢筋和混凝土、钢支撑的产品构件和连接构件以及钢立柱的制作质量等进行检验。施工结束后，对应的下层土方开挖前应对水平支撑的尺寸、位置、标高、支撑与围护结构的连接节点、钢支撑的连接节点和钢立柱的施工质量进行检验。

（7）锚杆施工前应对钢绞线、锚具、水泥、机械设备等进行检验。

锚杆施工中应对锚杆位置，钻孔直径、长度及角度，锚杆杆体长度，注浆配比、注浆压力及注浆量等进行检验。

锚杆应进行抗拔承载力检验，检验数量不宜少于锚杆总数的 5%，且同一土层中的锚杆检验数量不应少于 3 根。

6. 地下水控制

（1）基坑工程开挖前应验收预降排水时间。预降排水时间应根据基坑面积、开挖深度、工程地质与水文地质条件以及降排水工艺综合确定。减压预降水时间应根据设计要求或减压降水验证试验结果确定。

（2）降排水运行中，应检验基坑降排水效果是否满足设计要求。分层、分块开挖的土质基坑，开挖前潜水水位应控制在土层开挖面以下 0.5～1.0m；承压含水层水位应控制在安全水位埋深以下。岩质基坑开挖施工前，地下水位应控制在边坡坡脚或坑中的软弱结构面以下。

（3）设有截水帷幕的基坑工程，宜通过预降水过程中的坑内外水位变化情况检验帷幕止水效果。

截水帷幕采用单轴水泥土搅拌桩、双轴水泥土搅拌桩、三轴水泥土搅拌桩、高压喷射注浆时，取芯数量不宜少于总桩数的 1%，且不应少于 3 根。截水帷幕采用渠式切割水泥土连续墙时，取芯数量宜沿基坑周边每 50 延米取 1 个点，且不应少于 3 个。

（4）采用集水明排的基坑，应检验排水沟、集水井的尺寸。排水时集水井内水位应低于设计要求水位不小于 0.5m。

（5）降水井正式施工时应进行试成井。试成井数量不应少于 2 口（组），并应根据试成井检验成孔工艺、泥浆配比，复核地层情况等。

降水井施工中应检验成孔垂直度。降水井的成孔垂直度偏差为 1/100，井管应居中竖直沉设。

（6）降水运行应独立配电。降水运行前，应检验现场用电系统。连续降水的工程项目，尚应检验双路以上独立供电电源或备用发电机的配置情况。

降水运行过程中，应监测和记录降水场区内和周边的地下水位。采用悬挂式帷幕基坑降水的，尚应计量和记录降水井抽水量。

降水运行结束后，应检验降水井封闭的有效性。

（7）回灌管井施工中应检验成孔垂直度。成孔垂直度允许偏差为 1/100，井管应居中竖直沉设。回灌运行前，应检验回灌管路的安装质量和密封性。回灌管路上应装有流量计和流量控制阀。回灌运行中及回扬时，应计量和记录回灌量、回扬量，并应监测地下水位和周边环境变形。

施工完成后的休止期不应少于 14d，休止期结束后应进行试回灌，检验成井质量和回灌效果。

7. 土石方工程

（1）土石方开挖的顺序、方法必须与设计工况和施工方案一致，并应遵循"开槽支撑，先撑后挖，分层开挖，严禁超挖"的原则。

（2）施工前应检查支护结构质量、定位放线、排水和地下水控制系统，以及对周边影响范围内地下管线和建（构）筑物保护措施的落实，并应合理安排土方运输车辆的行走路线及弃土场。附近有重要保护设施的基坑，应在土方开挖前对围护体的止水性能通过预降水进行检验。

（3）施工中应检查平面位置、水平标高、边坡坡率、压实度、排水系统、地下水控制系统、预留土墩、分层开挖厚度、支护结构的变形，并随时观测周围环境变化。

（4）在基坑（槽）、管沟等周边堆土的堆载限值和堆载范围应符合基坑围护设计要求，严禁在基坑（槽）、管沟、地铁及建构（筑）物周边影响范围内堆土。对于临时性堆土，应视挖方边坡处的土质情况、边坡坡率和高度，检查堆放的安全距离，确保边坡稳定。在挖方下侧堆土时应将土堆表面平整，其顶面高程应低于相邻挖方场地设计标高，保持排水畅通，堆土边坡坡率不宜大于 1∶1.5。

（5）土石方回填施工前应检查基底的垃圾、树根等杂物清除情况，测量基底标高、边坡坡率，检查验收基础外墙防水层和保护层等。回填料应符合设计要求，并应确定回填料含水量控制范围、铺土厚度、压实遍数等施工参数。施工中应检查排水系统，每层填筑厚度、辗迹重叠程度、含水量控制、回填土有机质含量、压实系数等。回填施工的压实系数应满足设计要求。当采用分层回填时，应在下层的压实系数经试验合格后进行上层施工。填筑厚度及压实遍数应根据土质、压实系数及压实机具确定。施工结束后，应进行标高及压实系数检验。

8. 地基与基础工程验槽

（1）勘察、设计、监理、施工、建设等各方相关技术人员应共同参加验槽。

（2）验槽时，现场应具备岩土工程勘察报告、轻型动力触探记录（可不进行轻型动力触探的情况除外）、地基基础设计文件、地基处理或深基础施工质量检测报告等。

（3）当设计文件对基坑坑底检验有专门要求时，应按设计文件要求进行。

（4）验槽应在基坑或基槽开挖至设计标高后进行，对留置保护土层时其厚度不应超过 100mm；槽底应为无扰动的原状土。

（5）遇到下列情况之一时，尚应进行专门的施工勘察。

1）工程地质与水文地质条件复杂，出现详勘阶段难以查清的问题时；

2）开挖基槽发现土质、地层结构与勘察资料不符时；

3）施工中地基土受严重扰动，天然承载力减弱，需进一步查明其性状及工程性质时；

4）开挖后发现需要增加地基处理或改变基础型式，已有勘察资料不能满足需求时；

5）施工中出现新的岩土工程或工程地质问题，已有勘察资料不能充分判别新情况时。

（6）验槽完毕填写验槽记录或检验报告，对存在的问题或异常情况提出处理意见。

（7）天然地基验槽应检验下列内容：

1）根据勘察、设计文件核对基坑的位置、平面尺寸、坑底标高；

2）根据勘察报告核对基坑底、坑边岩土体和地下水情况；

3）检查空穴、古墓、古井、暗沟、防空掩体及地下埋设物的情况，并应查明其位置、深度和性状；

4）检查基坑底土质的扰动情况以及扰动的范围和程度；

5）检查基坑底土质受到冰冻、干裂、受水冲刷或浸泡等扰动情况，并应查明影响范围和深度。

（8）地基处理工程验槽。

1）对于换填地基、强夯地基，应现场检查处理后的地基均匀性、密实度等检测报告和承载力检测资料；

2）对于增强体复合地基，应现场检查桩位、桩头、桩间土情况和复合地基施工质量检测报告；

3）对于特殊土地基，应现场检查处理后地基的湿陷性、地震液化、冻土保温、膨胀土隔水、盐渍土改良等方面的处理效果检测资料；

4）经过地基处理的地基承载力和沉降特性，应以处理后的检测报告为准。

（9）桩基工程验槽。

1）设计计算中考虑桩筏基础、低桩承台等桩间土共同作用时，应在开挖清理至设计标高后对桩间土进行检验；

2）对人工挖孔桩，应在桩孔清理完毕后，对桩端持力层进行检验。对大直径挖孔桩，应逐孔检验孔底的岩土情况；

3）在试桩或桩基施工过程中，应根据岩土工程勘察报告对出现的异常情况、桩端岩土层的起伏变化及桩周岩土层的分布进行判别。

（10）地基基础工程验收。

地基基础工程验收时应提交下列资料：

1）岩土工程勘察报告；

2）设计文件、图纸会审记录和技术交底资料；

3）工程测量、定位放线记录；

4）施工组织设计及专项施工方案；

5）施工记录及施工单位自查评定报告；

6）监测资料；

7）隐蔽工程验收资料；

8）检测与检验报告；

9）竣工图。

2.3.2　《建筑工程逆作法技术标准》JGJ 432—2018

1. 一般规定

（1）逆作法宜采用支护结构与主体结构相结合的形式。围护结构宜与主体地下结构外墙相结合，采用两墙合一或桩墙合一；水平支撑体系应全部或部分采用主体地下水平结构；竖向支承桩柱宜与主体结构桩、柱相结合。

（2）作法施工中的主体结构应满足建筑结构的承载力、变形和耐久性的控制要求。

（3）逆作法建筑工程应进行信息化施工，并应对基坑支护体系、地下结构和周边环境进行全过程监测。

2. 围护结构

（1）围护结构施工前应进行下列工作：

1）遇有不良地质时，应进行查验；

2）复核测量基准线、水准基点，并在施工中进行复测和保护；

3）场地内的道路、供电、供水、排水、泥浆循环系统等设施应布置到位；

4）标明和清除围护结构处的地下障碍物，应对地下管线进行迁移或保护，做好施工场地平整工作；

5）设备进场应进行安装调试和检查验收。

（2）围护结构施工中应进行过程控制，通过现场监测和检测及时掌握围护结构施工质量，并应采取减少对周边环境影响的措施。

（3）维护结构选型

1）两墙合一的地下连续墙可采用单一墙、复合墙和叠合墙的形式，宜进行墙底注浆加固。单幅槽段注浆管数量不应少于 2 根，宜设置在墙厚中部，且应沿槽段长度方向均匀布置，注浆管间距不宜大于 3m。

2）两墙合一地下连续墙施工质量检测应符合下列规定：

①槽壁垂直度、深度、宽度及沉渣应全数进行检测，当采用套铣接头时应对接头处进行两个方向的垂直度检测；

②现浇墙体的混凝土质量应采用超声波透射法进行检测，检测数量不应少于墙体总量的 20%，且不应少于 3 幅；

③当采用超声波透射法判定的墙身质量不合格时，应采用钻孔取芯法进行验证；

④墙身混凝土抗压强度试块每 $100m^3$ 混凝土不应少于 1 组，且每幅槽段不应少于 1 组，每组 3 件；墙身混凝土抗渗试块每 5 幅槽段不应少于 1 组，每组 6 件。

3）灌注桩排桩。

4）型钢水泥土搅拌墙。

5）咬合式排桩。咬合式排桩平面布置可采用有筋桩和无筋桩搭配、有筋桩和有筋桩搭配两种形式。

3. 竖向支承桩柱

（1）逆作法竖向支承结构由竖向支承柱和竖向支承桩组成，一般宜采用一柱一桩形式。竖向支承柱与地下水平结构连接节点应根据计算设置抗剪钢筋、栓钉或钢牛腿抗剪措施。

（2）支承柱插入支承桩的深度应通过计算确定，并应符合下列规定：

1）带栓钉钢管混凝土支承柱插入深度不应小于 4 倍钢管外径，且不应小于 2.5m；

2）未设置栓钉等抗剪措施的钢管混凝土支承柱插入深度不应小于 6 倍钢管外径，且不应小于 3m；

3）格构柱插入深度不应小于 3m。

（3）钢管混凝土支承柱插入支承桩的范围及其下 2 倍桩径范围内桩的箍筋应加密，间距不应大于 100mm。

（4）支承柱插入支承桩方式可结合支承桩柱类型、施工机械设备、成孔工艺及垂直度要求综合确定，可采用先插法或后插法；当支承桩为人工挖孔桩时，也可采用在支承桩顶部预埋定位基座后再安装支承柱的方法。

（5）对于工程地质条件复杂、上下同步逆作法工程、逆作阶段承载力和变形控制要求高的竖向支承桩，应采用静载荷试验对支承桩单桩竖向承载力进行检测，检测数量不应少于 1%，且不应少于 3 根。

4. 先期地下结构

（1）先期地下结构施工前应结合地下结构开口布置、逆作阶段受力和施工要求预留孔洞，施工时应预留后期地下结构所需要的钢筋、埋件以及混凝土浇捣孔。

（2）预留孔洞的周边应设置防护栏杆，其平面布置应综合下列因素确定：

1）应结合施工部署、行车路线、先期地下结构分区、上部结构施工平面布置确定；

2）预留孔洞大小应结合挖土设备作业、施工机具及材料运转确定；

3）取土口留设时宜结合主体结构的楼梯间、电梯井等结构开口部位进行布置，在符合结构受力的情况下，应加大取土口的面积；

4）不宜设置在结构边跨位置；确需设置在边跨时，应对孔洞周边结构进行加强处理；

5）不宜设置在结构标高变化处。

（3）地下水平结构施工前应预先考虑后期结构的施工方法，并应采取下列技术措施：

1）框架柱的四周或中间应预留混凝土浇捣孔，浇捣孔孔径大小宜为 100～220mm，每个框架柱浇捣孔数量不应少于 2 个，应呈对角布置，且应避让框架梁；

2）剪力墙侧边或中间应预留混凝土浇捣孔，浇捣孔宜沿剪力墙纵向按 1200～2000mm 间距均匀布置；

3）后期结构的混凝土浇捣孔可使用 PVC 管或钢管进行预留；

4）柱、墙水平施工缝宜距梁底下不小于 300mm。

5. 后期地下结构

（1）后期地下结构施工拆除先期地下结构预留孔洞范围内的临时水平支撑时，应按照设计工况在可靠换撑形成后进行；当有多层临时水平支撑时，应自下而上逐层换撑、逐层拆撑；临时支撑拆除时应监测该区域结构的变形及内力，并应预先制定应急预案。

（2）临时竖向支承柱的拆除应在后期竖向结构施工完成并达到竖向荷载转换条件后进行，并应按自上而下的顺序拆除，拆除时应监测相应区域结构变形，并应预先制定应急预案。

（3）后期地下竖向结构施工应采取措施保证水平接缝混凝土浇筑的质量，应结合工程情况采取超灌法、注浆法或灌浆法等接缝处理方式。

6. 上下同步逆作法

（1）上下同步逆作法的工程，应选择刚度大、传力可靠的地下水平结构层作为界面层；当剪力墙或核心筒上部同步逆作时，宜选择结构嵌固层以下的地下水平结构层作为界面层；当界面层为地下一层或以下的地下水平结构层时，应对开挖至界面层的围护体悬臂工况采取控制基坑变形的设计与施工措施。

（2）上下同步逆作法施工时，应对上下同步逆作区域内的竖向支承桩柱、托换结构进行变形监测。

（3）上下同步逆作法工程中，托换剪力墙或筒体的竖向支承柱设计应符合下列规定：

1）托换支承柱宜采用格构柱；

2）当剪力墙厚度大于支承柱截面尺寸 200mm 以上，且支承柱定位精度有保证时，支承柱可采用钢管混凝土柱或型钢柱；

3）支承柱不宜设置在剪力墙钢筋密集部位；

4）支承柱布置应便于剪力墙水平筋穿越施工。

（4）上下同步逆作法施工中应对竖向构件和托换构件的内力进行监测，并应对托换构件的变形和裂缝情况进行监测和观测。

2.3.3 《钢结构工程施工质量验收标准》GB 50205—2020

1. 强制性条文

4.2.1 钢板的品种、规格、性能应符合国家现行标准的规定并满足设计要求。钢板进场时，应按国家现行标准的规定抽取试件且应进行屈服强度、抗拉强度、伸长率和厚度偏差检验，检验结果应符合国家现行标准的规定。

检查数量：质量证明文件全数检查；抽样数量按进场批次和产品的抽样检验方案确定。

检验方法：检查质量证明文件和抽样检验报告。

4.3.1 型材和管材的品种、规格、性能应符合国家现行标准的规定并满足设计要求。型材和管材进场时，应按国家现行标准的规定抽取试件且应进行屈服强度、抗拉强度、伸长率和厚度偏差检验，检验结果应符合国家现行标准的规定。

检查数量：质量证明文件全数检查；抽样数量按进场批次和产品的抽样检验方案确定。

检验方法：检查质量证明文件和抽样检验报告。

4.4.1 铸钢件的品种、规格、性能应符合国家现行标准的规定并满足设计要求。铸钢件进场时，应按国家现行标准的规定抽取试件且应进行屈服强度、抗拉强度、伸长率和端口尺寸偏差检验，检验结果应符合国家现行标准的规定。

检查数量：质量证明文件全数检查；抽样数量按进场批次和产品的抽样检验方案确定。

检验方法：检查质量证明文件和抽样检验报告。

4.5.1 拉索、拉杆、锚具的品种、规格、性能应符合国家现行标准的规定并满足设计要求。拉索、拉杆、锚具进场时，应按国家现行标准的规定抽取试件且应进行屈服强度、抗拉强度、伸长率和尺寸偏差检验，检验结果应符合国家现行标准的规定。

检查数量：质量证明文件全数检查；抽样数量按进场批次和产品的抽样检验方案确定。

检验方法：检查质量证明文件和抽样检验报告。

4.6.1 焊接材料的品种、规格、性能应符合国家现行标准的规定并满足设计要求。焊接材料进场时，应按国家现行标准的规定抽取试件且应进行化学成分和力学性能检验，检验结果应符合国家现行标准的规定。

检查数量：质量证明文件全数检查；抽样数量按进场批次和产品的抽样检验方案确定。

检验方法：检查质量证明文件和抽样检验报告。

4.7.1 钢结构连接用高强度螺栓连接副的品种、规格、性能应符合国家现行标准的规定并满足设计要求。高强度大六角头螺栓连接副应随箱带有扭矩系数检验报告，扭剪型高强度螺栓连接副应随箱带有紧固轴力（预拉力）检验报告。高强度大六角头螺栓连接副和扭剪型高强度螺栓连接副进场时，应按国家现行标准的规定抽取试件且应分别进行扭矩系数和紧固轴力（预拉力）检验，检验结果应符合国家现行标准的规定。

检查数量：质量证明文件全数检查；抽样数量按进场批次和产品的抽样检验方案确定。

检验方法：检查质量证明文件和抽样检验报告。

5.2.4 设计要求的一、二级焊缝应进行内部缺陷的无损检测，一、二级焊缝的质量等级和检测要求应符合表 2-11 的规定。

检查数量：全数检查。

检验方法：检查超声波或射线探伤记录。

一、二级焊缝质量等级及无损检测要求 表 2-11

焊缝质量等级		一级	二级
内部缺陷 超声波探伤	缺陷评定等级	Ⅱ	Ⅲ
	检验等级	B 级	B 级
	检测比例	100%	20%
内部缺陷 射线探伤	缺陷评定等级	Ⅱ	Ⅲ
	检验等级	B 级	B 级
	检测比例	100%	20%

注：二级焊缝检测比例的计数方法应按以下原则确定：工厂制作焊缝按照焊缝长度计算百分比，且探伤长度不小于 200mm；当焊缝长度小于 200mm 时，应对整条焊缝探伤；现场安装焊缝应按照同一类型、同一施焊条件的焊缝条数计算百分比，且不应少于 3 条焊缝。

6.3.1 钢结构制作和安装单位应分别进行高强度螺栓连接摩擦面（含涂层摩擦面）的抗滑移系数试验和复验，现场处理的构件摩擦面应单独进行摩擦面抗滑移系数试验，其结果应满足设计要求。

检查数量：按本标准附录 B 进行。

检验方法：检查摩擦面抗滑移系数试验报告及复验报告。

8.2.1 钢材、钢部件拼接或对接时所采用的焊缝质量等级应满足设计要求。当设计无要求时，应采用质量等级不低于二级的熔透焊缝，对直接承受拉力的焊缝，应采用一级熔透焊缝。

检查数量：全数检查。

检验方法：检查超声波探伤报告。

11.4.1 钢管（闭口截面）构件应有预防管内进水、存水的构造措施，严禁钢管内存水。

检查数量：全数检查。

检验方法：观察检查。

13.2.3 防腐涂料、涂装遍数、涂装间隔、涂层厚度均应满足设计文件、涂料产品标准的要求。当设计对涂层厚度无要求时，涂层干漆膜总厚度：室外不应小于 $150\mu m$，室内不应小于 $125\mu m$。

检查数量：按照构件数抽查 10%，且同类构件不应少于 3 件。

检验方法：用干漆膜测厚仪检查。每个构件检测 5 处，每处的数值为 3 个相距 50mm 测点涂层干漆膜厚度的平均值。漆膜厚度的允许偏差应为 $-25\mu m$。

13.4.3 膨胀型（超薄型、薄涂型）防火涂料、厚涂型防火涂料的涂层厚度及隔热性能应满足国家现行标准有关耐火极限的要求，且不应小于 $-200\mu m$。当采用厚涂型防火涂料涂装时，80% 及以上涂层面积应满足国家现行标准有关耐火极限的要求，且最薄处厚度不应低于设计要求的 85%。

检查数量：按照构件数抽查 10%，且同类构件不应少于 3 件。

检验方法：膨胀型（超薄型、薄涂型）防火涂料采用涂层厚度测量仪，涂层厚度允许偏差应为 -5%。厚涂型防火涂料的涂层厚度采用本标准附录 E 的方法检测。

2. 修订的主要技术内容

（1）钢结构工程类别的增加与调整。

将单层钢结构安装工程和多层及高层钢结构安装工程合并为单层、多高层钢结构安装工程；将钢网架结构安装工程调整为空间结构安装工程，增加了钢管桁架结构内容；

（2）增加了装配式金属屋面系统抗风压、风吸性能检测的内容和方法。金属屋面系统抗风揭性能检测应符合下列规定：

1）金属屋面系统应包括金属屋面板、底板、支座、保温层、檩条、支架、紧固件等。

2）金属屋面系统抗风揭性能检测应采用实验室模拟静态、动态压力加载法。

3）对于强（台）风地区（基本风压 $\geq 0.5kN/m^2$）的金属屋面和设计要求进行动态风载检测的建筑金属屋面应采用动态风载检测。

4）金属屋面系统抗风揭性能检测应选取金属屋面中具有代表性的典型部位进行检测，被检测屋面系统中的材料、构件加工、安装施工质量等应与实际工程情况一致，并应满足设计要求并符合相应技术标准的规定。

5）金属屋面典型部位的风荷载标准值 w_s 应由设计单位给出，检测单位应根据设计单位给出的风荷载标准值 w_s 进行检测。

（3）增加了油漆类防腐涂装工艺评定的内容和方法，强化钢结构涂装施工质量的控制和验收。每道油漆类涂层应检查表面缺陷，检查结果可按表 2-12 的格式进行记录。

油漆类涂层表面缺陷检查记录　　　　　　　　　　　表 2-12

缺陷名称	缺陷现象	检查记录
颜色游离	涂料中混合数种颜料,比重轻者上浮,使表面形成不规则的斑点	
白化	涂膜发白成混浊状	
刷痕	随着毛刷刷行方向留下凹凸刷痕	
吐色	底层漆颜色为上层溶化渗透出面漆	
剥离	上层涂料溶剂浸透底漆产生剥离现象	
针孔	涂面有针状小孔	

缺陷名称	缺陷现象	检查记录
橘子皮	涂面橘子皮状凸凹	
起泡	混入涂料中的空气留在涂膜中形成气泡	
皱纹	涂面产生皱纹状的收缩	
干燥不良	超过规定时间涂膜仍未干燥	
回黏	已干的涂膜再呈现黏性的现象	

（4）验收内容的调整

1）在钢结构分部工程竣工验收中，修改了有关安全及功能的检验和见证检测项目；

2）将钢材进入加工现场时分别按钢板、型钢、铸钢件、钢棒、钢索进行验收，将膜结构材料纳入进场验收内容；

3）将有关允许偏差项目表格改入条文中；

4）在钢零件及钢部件加工分项工程中完善了冷成型和热成型加工的最小曲率半径及铸钢节点加工等；

5）在钢构件组装分项工程中增加并完善了部件拼接等内容，将工厂拼料环节纳入质量控制和验收中；

6）将钢结构安装分项工程按照基础、柱、梁及桁架、节点、支撑次序进行排列，增加了钢板剪力墙；

7）完善了压型金属板分项工程的节点构造和屋面系统；

8）钢结构在涂装分项工程中强化了钢材表面处理和涂装工艺评定的内容。

3. 钢结构钢材进场验收见证检测方法

（1）钢材质量合格验收应符合下列规定：

1）全数检查钢材的质量合格证明文件、中文标志及检验报告等，检查钢材的品种、规格、性能等应符合国家现行标准的规定并满足设计要求。

2）对属于下列情况之一的钢材，应进行抽样复验，其复验结果应符合国家现行产品标准的规定并满足设计要求。

①结构安全等级为一级的重要建筑主体结构用钢材；

②结构安全等级为二级的一般建筑，当其结构跨度大于 60m 或高度大于 100m 时或承受动力荷载需要验算疲劳的主体结构用钢材；

③板厚不小于 40mm，且设计有 Z 向性能要求的厚板；

④强度等级大于或等于 420MPa 高强度钢材；

⑤进口钢材、混批钢材或质量证明文件不齐全的钢材；

⑥设计文件或合同文件要求复验的钢材。

（2）钢材的复验项目应满足设计文件的要求，当设计文件无要求时可按表 2-13 执行。

每个检验批复验项目及取样数量　　　　　　　　　　　　表 2-13

序号	复验项目	取样数量	适用标准编号	备注
1	屈服强度、抗拉强度、伸长率	1	GB/T 2975、GB/T 228.1	承重结构采用的钢材

序号	复验项目	取样数量	适用标准编号	备注
2	冷弯性能	3	GB/T 232	焊接承重结构和弯曲成型构件采用的钢材
3	冲击韧性	3	GB/T 2975、GB/T 229	需要验算疲劳的承重结构采用的钢材
4	厚度方向断面收缩率	3	GB/T 5313	焊接承重结构采用的Z向钢
5	化学成分	1	GB/T 20065、GB/T 223 系列标准、GB/T 4336、GB/T 20125	焊接结构采用的钢材保证项目:P、S,C (CEV);非焊接结构采用的钢材保证项目:P、S
6	其他	由设计提出要求		

（3）铸钢件检验应符合下列规定：

1）铸钢件的检验，应按同一类型构件、同一炉浇注、同一热处理方法划分为一个检验批；

2）厂家在按批浇铸过程中应连体铸出试样坯，经同炉热处理后加工成试件两组，其中一组用于出厂检验，另一组随铸钢产品进场进行见证复验。

3）铸钢件按批进行检验，每批取1个化学成分试件、1个拉伸试件和3个冲击韧性试件（设计要求时）。

（4）拉索、拉杆、锚具复验应符合下列规定：

1）对应于同一炉批号原材料，按同一轧制工艺及热处理制作的同一规格拉杆或拉索为一批；

2）组装数量以不超过50套件的锚具和索杆为1个检验批。每个检验批抽3个试件按其产品标准的要求进行拉伸检验。检验项目和检验方法按本标准表2-13执行。

第4节　装饰装修工程及室内环境控制

2.4.1　《建筑装饰装修工程质量验收标准》GB 50210—2018

1. 设计规定

（1）承担建筑装饰装修工程设计的单位应对建筑物进行了解和实地勘察，设计深度应满足施工要求。由施工单位完成的深化设计应经建筑装饰装修设计单位确认。

（2）既有建筑装饰装修工程设计涉及主体和承重结构变动时，必须在施工前委托原结构设计单位或者具有相应资质条件的设计单位提出设计方案，或由检测鉴定单位对建筑结构的安全性进行鉴定。

2. 材料质量要求

（1）建筑装饰装修工程采用的材料、构配件应按进场批次进行检验。属于同一工程项目且同期施工的多个单位工程，对同一厂家生产的同批材料、构配件、器具及半成品，可统一划分检验批对品种、规格、外观和尺寸等进行验收，包装应完好，并应有产品合格证书、中文说明书及性能检验报告，进口产品应按规定进行商品检验。

（2）进场后需要进行复验的材料种类及项目应符合本标准各章的规定，同一厂家生产的同一品种、同一类型的进场材料应至少抽取一组样品进行复验，当合同另有更高要求时应按合同执行。抽样样本应随机抽取，满足分布均匀、具有代表性的要求，获得认证的产品或来源稳定且连续三批均一次检验合格的产品，进场验收时检验批的容量可扩大一倍，且仅可扩大一次。扩大检验批后的检验中，出现不合格情况时，应按扩大前的检验批容量重新验收，且该产品不得再次扩大检验批容量。

3. 施工技术要求

（1）建筑装饰装修工程施工中，不得违反设计文件擅自改动建筑主体、承重结构或主要使用功能。

（2）未经设计确认和有关部门批准，不得擅自拆改主体结构和水、暖、电、燃气、通信等配套设施。

（3）建筑装饰装修工程应在基体或基层的质量验收合格后施工。对既有建筑进行装饰装修前，应对基层进行处理。

（4）管道、设备安装及调试应在建筑装饰装修工程施工前完成；当必须同步进行时，应在饰面层施工前完成。装饰装修工程不得影响管道、设备等的使用和维修。涉及燃气管道和电气工程的建筑装饰装修工程施工应符合有关安全管理的规定。

4. 一般抹灰

（1）一般抹灰包括水泥砂浆、水泥混合砂浆、聚合物水泥砂浆和粉刷石膏等抹灰。

（2）保温层薄抹灰包括保温层外面聚合物砂浆薄抹灰。

（3）装饰抹灰包括水刷石、斩假石、干粘石和假面砖等装饰抹灰。

（4）清水砌体勾缝包括清水砌体砂浆勾缝和原浆勾缝。

5. 外墙防水工程

（1）外墙防水工程应对下列隐蔽工程项目进行验收：

1）外墙不同结构材料交接处的增强处理措施的节点；

2）防水层在变形缝、门窗洞口、穿外墙管道、预埋件及收头等部位的节点；

3）防水层的搭接宽度及附加层。

（2）防水透气膜的搭接缝应粘结牢固、密封严密；收头应与基层粘结固定牢固，缝口应严密，不得有翘边现象。

6. 门窗工程

（1）门窗安装前，应对门窗洞口尺寸及相邻洞口的位置偏差进行检验。

（2）门窗工程应对下列材料及其性能指标进行复验：

1）人造木板门的甲醛释放量；

2）建筑外窗的气密性能、水密性能和抗风压性能。

（3）门窗工程应对下列隐蔽工程项目进行验收：

1）预埋件和锚固件；

2）隐蔽部位的防腐和填嵌处理；

3）高层金属窗防雷连接节点。

（4）门窗工程验收时应检查下列文件和记录：

1）门窗工程的施工图、设计说明及其他设计文件；

2）材料的产品合格证书、性能检验报告、进场验收记录和复验报告；

3) 特种门及其配件的生产许可文件;

4) 隐蔽工程验收记录;

5) 施工记录。

7. 吊顶工程

(1) 吊顶工程应对人造木板的甲醛释放量进行复验。

(2) 吊顶工程应对下列隐蔽工程项目进行验收:

1) 吊顶内管道、设备的安装及水管试压、风管严密性检验;

2) 木龙骨防火、防腐处理;

3) 埋件;

4) 吊杆安装;

5) 龙骨安装;

6) 填充材料的设置;

7) 反支撑及钢结构转换层。

(3) 重型设备和有振动荷载的设备严禁安装在吊顶工程的龙骨上。

金属吊杆和龙骨应经过表面防腐处理;木龙骨应进行防腐、防火处理。

(4) 吊顶工程验收时应检查下列文件和记录:

1) 吊顶工程的施工图、设计说明及其他设计文件;

2) 材料的产品合格证书、性能检验报告、进场验收记录和复验报告;

3) 隐蔽工程验收记录;

4) 施工记录。

8. 轻质隔墙工程

(1) 轻质隔墙工程应对下列隐蔽工程项目进行验收:

1) 骨架隔墙中设备管线的安装及水管试压;

2) 木龙骨防火和防腐处理;

3) 预埋件或拉结筋;

4) 龙骨安装;

5) 填充材料的设置。

(2) 轻质隔墙工程验收时应检查下列文件和记录:

1) 轻质隔墙工程的施工图、设计说明及其他设计文件;

2) 材料的产品合格证书、性能检验报告、进场验收记录和复验报告;

3) 隐蔽工程验收记录;

4) 施工记录。

9. 饰面板工程

(1) 饰面板工程应对下列材料及其性能指标进行复验:

1) 室内用花岗石板的放射性、室内用人造木板的甲醛释放量;

2) 水泥基粘结料的粘结强度;

3) 外墙陶瓷板的吸水率;

4) 严寒和寒冷地区外墙陶瓷板的抗冻性。

(2) 饰面板工程应对下列隐蔽工程项目进行验收:

1）预埋件（或后置埋件）；

2）龙骨安装；

3）连接节点；

4）防水、保温、防火节点；

5）外墙金属板防雷连接节点。

10. 饰面砖工程

（1）饰面砖工程应对下列材料及其性能指标进行复验：

1）室内用花岗石和瓷质饰面砖的放射性；

2）水泥基粘结材料与所用外墙饰面砖的拉伸粘结强度；

3）外墙陶瓷饰面砖的吸水率；

4）严寒及寒冷地区外墙陶瓷饰面砖的抗冻性。

（2）饰面砖工程应对下列隐蔽工程项目进行验收：

1）基层和基体；

2）防水层。

（3）饰面砖工程的防震缝、伸缩缝、沉降缝等部位的处理应保证缝的使用功能和饰面的完整性。

11. 幕墙工程

（1）幕墙工程应对下列材料及其性能指标进行复验：

1）铝塑复合板的剥离强度；

2）石材、瓷板、陶板、微晶玻璃板、木纤维板、纤维水泥板和石材蜂窝板的抗弯强度；严寒、寒冷地区石材、瓷板、陶板、纤维水泥板和石材蜂窝板的抗冻性；室内用花岗石的放射性；

3）幕墙用结构胶的邵氏硬度、标准条件拉伸粘结强度、相容性试验、剥离粘结性试验；石材用密封胶的污染性；

4）中空玻璃的密封性能；

5）防火、保温材料的燃烧性能；

6）铝材、钢材主受力杆件的抗拉强度。

（2）幕墙工程应对下列隐蔽工程项目进行验收：

1）预埋件或后置埋件、锚栓及连接件；

2）构件的连接节点；

3）幕墙四周、幕墙内表面与主体结构之间的封堵；

4）伸缩缝、沉降缝、防震缝及墙面转角节点；

5）隐框玻璃板块的固定；

6）幕墙防雷连接节点；

7）幕墙防火、隔烟节点；

8）单元式幕墙的封口节点。

（3）幕墙及其连接件应具有足够的承载力、刚度和相对于主体结构的位移能力。当幕墙构架立柱的连接金属角码与其他连接件采用螺栓连接时，应有防松动措施。

12. 涂饰工程

（1）涂饰工程施工时应对与涂层衔接的其他装修材料、邻近的设备等采取有效的保护措施，以避免由涂料造成的沾污。

（2）涂饰工程验收时应检查下列文件和记录：

1）涂饰工程的施工图、设计说明及其他设计文件；

2）材料的产品合格证书、性能检验报告、有害物质限量检验报告和进场验收记录；

3）施工记录。

13. 裱糊与软包工程

（1）软包工程应对木材的含水率及人造木板的甲醛释放量进行复验。

（2）裱糊与软包工程验收时应检查下列资料：

1）裱糊与软包工程的施工图、设计说明及其他设计文件；

2）饰面材料的样板及确认文件；

3）材料的产品合格证书、性能检验报告、进场验收记录和复验报告；

4）饰面材料及封闭底漆、胶粘剂、涂料的有害物质限量检验报告；

5）隐蔽工程验收记录；

6）施工记录。

14. 分部工程质量验收

（1）建筑装饰装修工程的子分部工程、分项工程应按表 2-14 划分。

建筑装饰装修工程的子分部工程、分项工程划分　　　　　　　　表 2-14

项次	子分部工程	分项工程
1	抹灰工程	一般抹灰,保温层薄抹灰,装饰抹灰,清水砌体勾缝
2	外墙防水工程	外墙砂浆防水、涂膜防水、透气膜防水
3	门窗工程	木门窗安装,金属门窗安装,塑料门窗安装,特种门安装,门窗玻璃安装
4	吊顶工程	整体面层吊顶,板块面层吊顶,格栅吊顶
5	轻质隔墙工程	板材隔墙,骨架隔墙,活动隔墙,玻璃隔墙
6	饰面板工程	石板安装,陶瓷板安装,木板安装,金属板安装,塑料板安装
7	饰面砖工程	外墙饰面砖粘贴,内墙饰面砖粘贴
8	幕墙工程	玻璃幕墙安装,金属幕墙安装,石材幕墙安装,人造板材幕墙安装
9	涂饰工程	水性涂料涂饰,溶剂型涂料涂饰,美术涂饰
10	裱糊与软包工程	裱糊,软包
11	细部工程	橱柜制作与安装,窗帘盒和窗台板制作与安装,门窗套制作与安装,护栏和扶手制作与安装,花饰制作与安装
12	建筑地面工程	基层铺设,整体面层铺设,板块面层铺设,木、竹面层铺设

当建筑工程只有装饰装修分部工程时，该工程应作为单位工程验收。

（2）子分部工程中各分项工程的质量均应验收合格，并应符合下列规定：

1）应具备本标准各子分部工程规定检查的文件和记录；

2）应具备表 2-15 所规定的有关安全和功能检验项目的合格报告；

3）观感质量应符合本标准各分项工程中一般项目的要求。

有关安全和功能的检验项目表   表 2-15

项次	子分部工程	检验项目
1	门窗工程	建筑外窗的气密性能、水密性能和抗风压性能
2	饰面板工程	饰面板后置埋件的现场拉拔力
3	饰面砖工程	外墙饰面砖样板及工程的饰面砖粘结强度
4	幕墙工程	1. 硅酮结构胶的相容性和剥离粘结性； 2. 幕墙后置埋件和槽式预埋件的现场拉拔力； 3. 幕墙的气密性、水密性、耐风压性能及层间变形性能

2.4.2　《建筑节能工程施工质量验收标准》GB 50411—2019

1. 强制性条文

3.1.2　当工程设计变更时，建筑节能性能不得降低，且不得低于国家现行有关建筑节能设计标准的规定。

4.2.2　墙体节能工程使用的材料、产品进场时，应对其下列性能进行复验，复验应为见证取样检验：

1 保温隔热材料的导热系数或热阻、密度、压缩强度或抗压强度、垂直于板面方向的抗拉强度、吸水率、燃烧性能（不燃材料除外）；

2 复合保温板等墙体节能定型产品的传热系数或热阻、单位面积质量、拉伸粘结强度、燃烧性能（不燃材料除外）；

3 保温砌块等墙体节能定型产品的传热系数或热阻、抗压强度、吸水率；

4 反射隔热材料的太阳光反射比、半球发射率；

5 粘结材料的拉伸粘结强度；

6 抹面材料的拉伸粘结强度、压折比；

7 增强网的力学性能、抗腐蚀性能。

4.2.3　外墙外保温工程应采用预制构件、定型产品或成套技术，并应由同一供应商提供配套的组成材料和型式检验报告。型式检验报告中应包括耐候性和抗风压性能检验项目以及配套组成材料的名称、生产单位、规格型号及主要性能参数。

4.2.7　墙体节能工程的施工质量，必须符合下列规定：

1 保温隔热材料的厚度不得低于设计要求。

2 保温板材与基层之间及各构造层之间的粘结或连接必须牢固。保温板材与基层的连接方式、拉伸粘结强度和粘结面积比应符合设计要求。保温板材与基层之间的拉伸粘结强度应进行现场拉拔试验，且不得在界面破坏。粘结面积比应进行剥离检验。

3 当采用保温浆料做外保温时，厚度大于 20mm 的保温浆料应分层施工。保温浆料与基层之间及各层之间的粘结必须牢固，不应脱层、空鼓和开裂。

4 当保温层采用锚固件固定时，锚固件数量、位置、锚固深度、胶结材料性能和锚固力应符合设计和施工方案的要求；保温装饰板的锚固件应使其装饰面板可靠固定；锚固力应做现场拉拔试验。

5.2.2　幕墙（含采光顶）节能工程使用的材料、构件进场时，应对其下列性能进行复验，复验应为见证取样检验：

1 保温隔热材料的导热系数或热阻、密度、吸水率、燃烧性能（不燃材料除外）；

2 幕墙玻璃的可见光透射比、传热系数、遮阳系数，中空玻璃的密封性能；

3 隔热型材的抗拉强度、抗剪强度；

4 透光、半透光遮阳材料的太阳光透射比、太阳光反射比。

6.2.2　门窗（包括天窗）节能工程使用的材料、构件进场时，应按工程所处的气候区核查质量证明文件、节能性能标识证书、门窗节能性能计算书、复验报告，并应对下列性能进行复验，复验应为见证取样检验：

1 严寒、寒冷地区：门窗的传热系数、气密性能；

2 夏热冬冷地区：门窗的传热系数、气密性能，玻璃的遮阳系数、可见光透射比；

3 夏热冬暖地区：门窗的气密性能，玻璃的遮阳系数、可见光透射比；

4 严寒、寒冷、夏热冬冷和夏热冬暖地区：透光、部分透光遮阳材料的太阳光透射比、太阳光反射比，中空玻璃的密封性能。

7.2.2　屋面节能工程使用的材料进场时，应对其下列性能进行复验，复验应为见证取样检验：

1 保温隔热材料的导热系数或热阻、密度、压缩强度或抗压强度、吸水率、燃烧性能（不燃材料除外）；

2 反射隔热材料的太阳光反射比、半球发射率。

8.2.2　地面节能工程使用的保温材料进场时，应对其导热系数或热阻、密度、压缩强度或抗压强度、吸水率、燃烧性能（不燃材料除外）等性能进行复验，复验应为见证取样检验。

9.2.2　供暖节能工程使用的散热器和保温材料进场时，应对其下列性能进行复验，复验应为见证取样检验：

1 散热器的单位散热量、金属热强度；

2 保温材料的导热系数或热阻、密度、吸水率。

9.2.3　供暖系统安装的温度调控装置和热计量装置，应满足设计要求的分室（户或区）温度调控、楼栋热计量和分户（区）热计量功能。

10.2.2　通风与空调节能工程使用的风机盘管机组和绝热材料进场时，应对其下列性能进行复验，复验应为见证取样检验。

1 风机盘管机组的供冷量、供热量、风量、水阻力、功率及噪声；

2 绝热材料的导热系数或热阻、密度、吸水率。

11.2.2　空调与供暖系统冷热源及管网节能工程的预制绝热管道、绝热材料进场时，应对绝热材料的导热系数或热阻、密度、吸水率等性能进行复验，复验应为见证取样检验。

12.2.2　配电与照明节能工程使用的照明光源、照明灯具及其附属装置等进场时，应对其下列性能进行复验，复验应为见证取样检验：

1 照明光源初始光效；

2 照明灯具镇流器能效值；

3 照明灯具效率；

4 照明设备功率、功率因数和谐波含量值。

12.2.3　低压配电系统使用的电线、电缆进场时，应对其导体电阻值进行复验，复验应为见证取样检验。

15.2.2 太阳能光热系统节能工程采用的集热设备、保温材料进场时，应对其下列性能进行复验，复验应为见证取样检验：

1 集热设备的热性能；

2 保温材料的导热系数或热阻、密度、吸水率。

15.2.6 太阳能光热系统辅助加热设备为电直接加热器时，接地保护必须可靠固定，并应加装防漏电、防干烧等保护装置。

18.0.5 建筑节能分部工程质量验收合格，应符合下列规定：

1 分项工程应全部合格；

2 质量控制资料应完整；

3 外墙节能构造现场实体检验结果应符合设计要求；

4 建筑外窗气密性能现场实体检验结果应符合设计要求；

5 建筑设备系统节能性能检测结果应合格。

2. 本标准修订的主要技术内容

（1）材料、构件和设备进场验收应符合下列规定：

1）应对材料、构件和设备的品种、规格、包装、外观等进行检查验收，并应形成相应的验收记录。

2）应对材料、构件和设备的质量证明文件进行核查，核查记录应纳入工程技术档案。进入施工现场的材料、构件和设备均应具有出厂合格证、中文说明书及相关性能检测报告。

3）涉及安全、节能、环境保护和主要使用功能的材料、构件和设备，应在施工现场随机抽样复验，复验应为见证取样检验。当复验的结果不合格时，该材料、构件和设备不得使用。

4）在同一工程项目中，同厂家、同类型、同规格的节能材料、构件和设备，当获得建筑节能产品认证、具有节能标识或连续三次见证取样检验均一次检验合格时，其检验批的容量可扩大一倍，且仅可扩大一倍。扩大检验批后的检验中出现不合格情况时，应按扩大前的检验批重新验收，且该产品不得再次扩大检验批容量。

（2）检验方面：引入了"检验批最小抽样数"、一般项目的一次、二次抽样判定。

（3）墙体节能工程使用的材料、产品进场时，应对其下列性能进行复验，复验应为见证取样检验：

1）保温隔热材料的导热系数或热阻、密度、压缩强度或抗压强度、垂直于板面方向的抗拉强度、吸水率、燃烧性能（不燃材料除外）；

2）复合保温板等墙体节能定型产品的传热系数或热阻、单位面积质量、拉伸粘结强度、燃烧性能（不燃材料除外）；

3）保温砌块等墙体节能定型产品的传热系数或热阻、抗压强度、吸水率；

4）反射隔热材料的太阳光反射比，半球发射率；

5）粘结材料的拉伸粘结强度；

6）抹面材料的拉伸粘结强度、压折比；

7）增强网的力学性能、抗腐蚀性能。

（4）防火隔离带组成材料应与外墙外保温组成材料相配套。防火隔离带宜采用工厂预制的制品现场安装，并应与基层墙体可靠连接，防火隔离带面层材料应与外墙外保温一致。

2.4.3 《民用建筑工程室内环境污染控制标准》GB 50325—2020

1. 材料要求

民用建筑工程材料时，项目施工单位开展以下进场检验：

（1）无机非金属建筑主体材料和建筑装饰装修材料进场时，施工单位应查验其放射性指标检测报告。所使用的砂、石、砖、实心砌块、水泥、混凝土、混凝土预制构件等无机非金属建筑主体材料和石材、建筑卫生陶瓷、石膏制品、无机粉粘结材料等无机非金属装饰装修材料，其放射性限量应符合现行国家标准《建筑材料放射性核素限量》GB 6566 的规定。民用建筑室内装饰装修所采用的天然花岗石石材或瓷质砖使用面积大于 $200m^2$ 时，应对不同产品、不同批次材料分别进行放射性指标的抽查复验。

（2）装饰装修所采用的人造木板及其制品进场时，施工单位应查验其同批次产品的游离甲醛释放量检测报告。当面积大于 $500m^2$ 时，应对不同产品、不同批次材料的游离甲醛释放量分别进行抽查复验。室内用人造木板及其制品应采用环境测试舱法或干燥器法测定其甲醛释放量，当发生争议时应以环境测试舱法的测定结果为准。

装饰装修所采用的水性涂料、水性处理剂应查验其同批次产品的游离甲醛含量检测报告，室内用水性装饰板、墙面涂料和墙面腻子的游离甲醛限量应不大于 100mg/kg，且应符合现行国家标准《建筑用墙面涂料中有害物质限量》GB 18582 的规定。

（3）装饰装修所采用的溶剂型涂料进场时，应查验其同批次产品的 VOC、苯、甲苯＋二甲苯、乙苯含量检测报告，其中聚氨酯类的还应有游离二异氰酸酯（TDI＋HDI）含量检测报告。

1）室内用溶剂型装饰板涂料、木器涂料和腻子、地坪涂料中的 VOC 和苯、甲苯＋二甲苯＋乙苯限量，应分别符合现行国家标准《建筑用墙面涂料中有害物质限量》GB 18582、《木器涂料中有害物质限量》GB 18581 和《室内地坪涂料中有害物质限量》GB 38468 的规定。

2）室内用酚醛防锈、防水、防火及其他溶剂型涂料，应按其规定的最大稀释比例混合后测定 VOC 和苯、甲苯＋二甲苯＋乙苯限量，均应符合表 2-16 的规定。

室内用酚醛防锈、防水、防火及其他溶剂型涂料中 VOC、苯、甲苯＋二甲苯＋乙苯限量

表 2-16

涂料名称	VOC(g/L)	苯(%)	甲苯＋二甲苯＋乙苯(%)
酚醛防锈涂料	≤270	≤0.3	—
防水涂料	≤750	≤0.2	≤40
防火涂料	≤500	≤0.1	≤10
其他溶剂型涂料	≤600	≤0.3	≤30

3）室内用聚氨酯类涂料和木器用聚氨酯类腻子中的 VOC、苯、甲苯＋二甲苯＋乙苯、游离二异氰酸酯（TDI＋HDI）限量，应符合《木器涂料中有害物质限量》GB 18581 的规定。

（4）装饰装修所采用的水性胶粘剂应查验其同批次产品的游离甲醛和 VOC 含量检测报告，溶剂型、本体型胶粘剂应查验其同批次产品的 VOC、苯、甲苯＋二甲苯含量检测报告，其中聚氨酯类的还应有游离二异氰酸酯（TDI）含量检测报告；装饰装修所采用的壁纸（布）应有同批次产品的游离甲醛含量检测报告。

1）室内用水性胶粘剂的游离甲醛、VOC，溶剂型、本体型胶粘剂的 VOC、挥发性有机化合物苯、甲苯＋二甲苯、游离甲苯二异氰酸酯（TDI）限量应分别符合现行标准《建筑胶粘剂有害物质限量》GB 30982、《胶粘剂挥发性有机化合物限量》GB/T 33372 等的相关规定。

2）室内用阻燃剂、防水剂、防腐剂和增强剂等水性处理剂的游离甲醛含量不应大于 100mg/kg。

民用建筑工程中所使用的混凝土外加剂，氨的释放量不应大于 0.10%；阻燃剂、防火涂料、水性防水涂料中氨的释放量不应大于 0.50%。

（5）幼儿园、学校教室、学生宿舍等民用建筑室内装饰装修，应对不同产品、不同批次的人造木板及其制品的甲醛释放量和涂料、橡胶类合成材料的挥发性有机化合物释放量进行抽查复验，检验合格后方可使用。

2. 勘察设计

（1）新建、扩建的民用建筑工程，设计前应对建筑工程所在城市区域土壤中氡浓度或土壤表面氡析出率进行调查，并提交相应的调查报告。未进行过区域土壤中氡浓度或土壤表面氡析出率测定的，应对建筑场地土壤中氡浓度或土壤氡析出率进行测定，并提出相应的检测报告。

（2）当民用建筑工程场地土壤氡浓度测定结果大于 20000Bq/m³ 且小于 30000Bq/m³，或土壤表面氡析出率大于 0.05Bq/（m²·s）且小于 0.10Bq/（m²·s）时，应采取建筑物底层地面抗开裂措施。

（3）当民用建筑工程场地土壤氡浓度测定结果不小于 30000Bq/m³ 且小于 50000Bq/m³，或土壤表面氡析出率不小于 0.10Bq/（m²·s）且小于 0.30Bq/（m²·s）时，除采取建筑物底层地面抗开裂措施外，还必须按现行国家标准《地下工程防水技术规范》GB 50108 中的一级防水要求，对基础进行处理。

（4）当民用建筑工程场地土壤氡浓度的平均值不小于 50000Bq/m³ 或土壤表面氡析出率平均值不小于 0.30Bq/（m²·s）时，应采取建筑物综合防氡措施。

（5）Ⅰ类民用建筑室内装饰装修采用的无机非金属装饰装修材料放射性限量必须满足现行国家标准《建筑材料放射性核素限量》GB 6566 规定的 A 类要求。

（6）民用建筑室内装饰装修中所使用的木地板及其木质材料，严禁采用沥青、煤焦油类防腐、防潮处理剂。

3. 施工要求

（1）采取防氡设计措施的民用建筑工程，其地下工程的变形缝、施工缝、穿墙管（盒）、预埋件、预留孔洞等特殊部位的施工工艺，应符合现行国家标准《地下工程防水技术规范》GB 50108 的有关规定。

（2）Ⅰ类民用建筑当采用异地土作为回填土时，该回填土应进行镭-226、钍-232、钾-40 的比活度测定，且回填土内照射指数（I_{Ra}）不应大于 1.0，外照射指数（I_γ）不应大于 1.3。

（3）民用建筑室内装饰装修时，严禁使用苯、工业苯、石油苯、重质苯及混苯等含苯的稀释剂和溶剂，不应使用苯、甲苯、二甲苯和汽油进行除油和清除旧涂层作业。

（4）涂料、胶粘剂、水性处理剂、稀释剂和溶剂等使用后，应及时封闭存放，废料应及时清出。

（5）民用建筑室内装饰装修严禁使用有机溶剂清洗施工用具。

（6）供暖地区的民用建筑工程，室内装饰装修施工不宜在供暖期内进行。

4. 验收

（1）民用建筑工程竣工验收时，必须进行室内环境污染物浓度检测，其限量应符合表2-17 的规定。检测结果不符合表 2-17 规定的民用建筑工程，严禁交付投入使用。

民用建筑室内环境污染物浓度限量　　　　　　　　表 2-17

污染物	Ⅰ类民用建筑	Ⅱ类民用建筑
氡（Bq/m^3）	≤150	≤150
甲醛（mg/m^3）	≤0.07	≤0.08
氨（mg/m^3）	≤0.15	≤0.20
苯（mg/m^3）	≤0.06	≤0.09
甲苯（mg/m^3）	≤0.15	≤0.20
二甲苯（mg/m^3）	≤0.20	≤0.20
TVOC（mg/m^3）	≤0.45	≤0.50

注：1 污染物浓度测量值，除氡外均指室内污染物浓度测量值扣除室外上风向空气中污染物浓度测量值（本底值）
　　后的测量值。
　　2 污染物浓度测量值的极限值判定，采用全数值比较法。

（2）民用建筑工程验收时，应抽查每个建筑单体有代表性的房间室内环境污染物浓度，氡、甲醛、氨、苯、甲苯、二甲苯、TVOC 的抽检量不得少于房间总数的 5%，每个建筑单体建筑不得少于 3 间，当房间总数少于 3 间时，应全数检测。

（3）凡进行 3 样板间室内环境污染物浓度检测且检测结果合格的，其同一装饰装修设计样板间类型的房间抽检量可减半，并不得少于 3 间。

（4）幼儿园、学校教室、学生宿舍、老年人照料房屋设施室内装饰装修验收时，室内空气中氡、甲醛、氨、苯、甲苯、二甲苯、TVOC 的抽检量不得少于房间总数的 50%，且不得少于 20 间，当房间总数不大于 20 间时，应全数检测。

（5）室内环境污染物浓度检测点数应符合表 2-18 的规定。当房间内有 2 个及以上检测点时，应采用对角线、斜线、梅花状均衡布点，检测点高度距房间地面 0.8～1.5m，距房间内墙面不应小于 0.5m，且应避开通风道和通风口。各房间检测数值应取各点检测结果的平均值。

室内环境污染物浓度检测点数设置　　　　　　　　表 2-18

房间使用面积（m^2）	检测点数（个）
＜50	1
≥50,＜100	2

房间使用面积(m²)	检测点数(个)
≥100，<500	不少于 3
≥500，<1000	不少于 5
≥1000	≥1000m² 的部分，每增加 1000 m² 增设 1 个，增加面积不足 1000m² 时按增加 1000m² 计算

2.4.4 《外墙外保温工程技术标准》JGJ 144—2019

1. 增加了粘贴挤塑聚苯板薄抹灰外保温系统、粘贴硬泡聚氨酯板薄抹灰外保温系统、胶粉聚苯颗粒浆料贴砌 EPS 板外保温系统、现场喷涂硬泡聚氨酯外保温系统拉伸粘结强度的性能指标、系统构造和技术要求。

外保温系统经耐候性试验后，不得出现空鼓、剥落或脱落、开裂等破坏，不得产生裂缝出现渗水；外保温系统拉伸粘结强度应符合表 2-19 的规定，且破坏部位应位于保温层内。

外保温系统拉伸粘结强度（MPa）　　　　表 2-19

检验项目	粘贴保温板薄抹灰外保温系统、EPS 板现浇混凝土外保温系统	胶粉聚苯颗粒保温浆料外保温系统	胶粉聚苯颗粒浆料贴砌 EPS 板外保温系统、现场喷涂硬泡聚氨酯外保温系统
拉伸粘结强度	≥0.10	≥0.06	≥0.10

2. 增加了胶粘剂在浸水 48h 且干燥 2h 后的耐水强度的性能指标。

胶粘剂拉伸粘结强度应符合表 2-20 的规定。胶粘剂与保温板的粘结在原强度、浸水 48h 且干燥 7d 后的耐水强度条件下发生破坏时，破坏部位应位于保温板内。

胶粘剂拉伸粘结强度（MPa）　　　　表 2-20

检验项目		与水泥砂浆	与保温板
原强度		≥0.60	≥0.10
耐水强度	浸水 48h，干燥 2h	≥0.30	≥0.06
	浸水 48h，干燥 7d	≥0.60	≥0.10

3. 增加了抹面胶浆拉伸粘结强度性能指标为强制性条文，增加了浸水 48h 且干燥 2h 后的耐水强度、耐冻融强度的性能指标。

抹面胶浆拉伸粘结强度应符合表 2-21 的规定。抹面胶浆与保温材料的粘结在原强度、浸水 48h 且干燥 7d 后的耐水强度条件下发生破坏时，破坏部位应位于保温材料内。

抹面胶浆拉伸粘结强度（MPa）　　　　表 2-21

检验项目		与保温板	与保温浆料
原强度		≥0.10	≥0.06
耐水强度	浸水 48h，干燥 2h	≥0.06	≥0.03
	浸水 48h，干燥 7d	≥0.10	≥0.06
耐冻融强度		≥0.10	≥0.06

4. 增加了玻纤网单位面积质量、断裂伸长率（经、纬向）的性能指标，修改了耐碱

断裂强力（经、纬向）的性能指标。

玻纤网的主要性能应符合表 2-22 的规定。

玻纤网主要性能   表 2-22

检验项目	性能要求
单位面积质量	$\geqslant 160\text{g/m}^2$
耐碱断裂强力（经、纬向）	$\geqslant 1000\text{N/50mm}$
耐碱断裂强力保留率（经、纬向）	$\geqslant 50\%$
断裂伸长率（经、纬向）	$\leqslant 5.0\%$

5. 增加了 XPS 板、PUR 板和贴砌浆料以及保温材料"燃烧性能等级"的性能指标。

外保温系统保温材料燃烧性能应符合表 2-23 的规定。

外保温系统保温材料燃烧性能要求   表 2-23

检验项目	性能要求				试验方法
	EPS 板		XPS 板	PUR 板	
	033 级	039 级			
燃烧性能等级	B_1 级		不低于 B_2 级		现行国家标准《建筑材料及制品燃烧性能分级》GB 8624

6. 增加了薄抹灰外保温系统防火隔离带设置及设计与施工、外保温工程施工现场防火的规定。

（1）当薄抹灰外保温系统采用燃烧性能等级为 B_1、B_2 级的保温材料时，首层防护层厚度不应小于 15mm，其他层防护层厚度不应小于 5mm 且不宜大于 6mm，并应在外保温系统中每层设置水平防火隔离带。

（2）外保温工程施工应符合下列规定：

1）可燃、难燃保温材料的施工应分区段进行，各区段应保持足够的防火间距。

2）粘贴保温板薄抹灰外保温系统中的保温材料施工上墙后应及时做抹面层。

3）防火隔离带的施工应与保温材料的施工同步进行。

（3）外保温工程施工现场应采取可靠的防火安全措施且应满足国家现行标准的要求，并应符合下列规定：

1）在外保温专项施工方案中，应按国家现行标准要求，对施工现场消防措施作出明确规定；

2）可燃、难燃保温材料的现场存放、运输、施工应符合消防的有关规定；

3）外保温工程施工期间现场不应有高温或明火作业。

7. 增加了粘贴挤塑聚苯板薄抹灰外保温系统外保温工程、粘贴硬泡聚氨酯板薄抹灰外保温系统外保温工程、胶粉聚苯颗粒浆料贴砌 EPS 板外保温系统外保温工程、现场喷涂硬泡聚氨酯外保温系统外保温工程的主要验收工序。

外保温工程主要验收工序应符合表 2-24 的规定。

外保温工程主要验收工序 表 2-24

外保温工程	主要验收工序
粘贴保温板薄抹灰外保温系统外保温工程	基层墙体处理，粘贴保温板，局部构造处理，首层及其他层抹面层施工，饰面层施工
胶粉聚苯颗粒保温浆料外保温系统外保温工程	基层墙体处理，抹胶粉聚苯颗粒保温浆料，局部构造处理，首层及其他层抹面层施工，饰面层施工
EPS 板现浇混凝土外保温系统外保温工程	固定 EPS 板，现浇混凝土，EPS 板局部找平，局部构造处理，首层及其他层抹面层施工，饰面层施工
EPS 钢丝网架板现浇混凝土外保温系统外保温工程	固定 EPS 钢丝网架板，现浇混凝土，局部构造处理，首层及其他层抹面层施工，饰面层施工
胶粉聚苯颗粒浆料贴砌 EPS 板外保温系统外保温工程	基层墙体处理，抹胶粉聚苯颗粒贴砌浆料，贴砌 EPS 板，抹胶粉聚苯颗粒贴砌浆料，局部构造处理，首层及其他层抹面层施工，饰面层施工
现场喷涂硬泡聚氨酯外保温系统外保温工程	基层墙体处理，喷涂硬泡聚氨酯保温材料，保温层局部处理，局部构造处理，首层及其他层抹面层施工，饰面层施工

8. 增加了粘贴保温板薄抹灰外保温系统、胶粉聚苯颗粒保温浆料外保温系统、胶粉聚苯颗粒浆料贴砌 EPS 板外保温系统、EPS 板现浇混凝土外保温系统、现场喷涂硬泡聚氨酯外保温系统的现场检验拉伸粘结强度的规定。

（1）外保温系统拉伸粘结强度应按现行行业标准《建筑工程饰面砖粘结强度检验标准》JGJ/T 110 的规定进行试验，试样尺寸应为 100mm×100mm。宜使用采用电动加载方式的数显式粘结强度检测仪，拉伸速度应为 5±1mm/min。

（2）当测试保温层与基层墙体拉伸粘结强度时，断缝应切割至基层墙体。切割宜选在保温材料与基层墙体之间充满胶粘剂的部位，否则应按实际粘贴面积进行换算。

（3）当测试抹面层与保温层拉伸粘结强度时，断缝应切割至保温层，保温层切割深度不应大于 10mm。

（4）当测试胶粉聚苯颗粒保温浆料外保温系统拉伸粘结强度时，断缝应从防护层切割至基层墙体。

（5）EPS 板现浇混凝土外保温系统中的 EPS 板与基层墙体拉伸粘结强度检验应在混凝土养护 28d 后进行，断缝应切割至基层墙体。测点应按一次浇注深度分上、中、下 3 部分各选取 1 点。上部测点应距顶边 200mm，下部测点应距底边 200mm，中部测点应居中。

（6）试验结果的判定应符合下列规定：

1）每组试样粘结强度平均值不应小于本标准规定值。

2）每组可有一个试样的粘结强度小于本标准规定值，但不应小于规定值的 75%。

9. 取消了外保温工程施工期间环境要求、现场取样胶粉聚苯颗粒保温浆料干密度和现场检验保温层厚度要求、无网现浇系统 EPS 板两面必须预喷刷界面砂浆、有网现浇系统 EPS 钢丝网架板构造设计和施工安装要求等强制性条文。

10. 删除了机械固定 EPS 钢丝网架板外墙外保温系统和抗风荷载性能试验方法。

第 5 节　建筑施工安全技术管理

2.5.1 《安全防范工程技术标准》GB 50348—2018

1. 增加了风险防范规划

（1）安全防范工程建设应根据保护对象的安全需求，通过风险评估确定需要防范的具体风险。

（2）安全防范工程建设应针对需要防范的风险，按照纵深防护和均衡防护的原则，统筹考虑人力防范能力，协调配置实体防护和（或）电子防护设备、设施，对保护对象从单位、部位和（或）区域、目标三个层面进行防护，且应符合下列规定：

1）周界的防护应符合下列规定：

①应根据现场环境和安全防范管理要求，合理选择实体防护和（或）入侵探测和（或）视频监控等防护措施；

②应考虑不同的入侵探测设备对翻越、穿越、挖洞等不同入侵行为的探测能力以及入侵探测报警后的人防响应能力；

③应考虑视频监控设备对周界环境的监视效果，至少应能看清周界环境中人员的活动情况。

2）出入口的防护应符合下列规定：

①应根据现场环境和安全防范管理要求，合理选择实体防护和（或）出入口控制和（或）入侵探测和（或）视频监控等防护措施；

②应考虑出入口控制的不同识读技术类型及其防御非法入侵（强行闯入、尾随进入、技术开启等）的能力；

③应考虑不同的入侵探测设备对翻越、穿越等不同入侵行为的探测能力，以及入侵探测报警后的人防响应能力；

④应考虑视频监控设备对出入口的监视效果，通常应能清晰辨别出入人员的面部特征和出入车辆的号牌。

3）通道和公共区域的防护应符合下列规定：

①应选择视频监控，监视效果应能看清监控区域内人员、物品、车辆的通行状况；重要点位宜清晰辨别人员的面部特征和车辆的号牌；

②高风险保护对象周边的通道和公共区域，可选择入侵探测和（或）实体防护措施。

4）监控中心、财务室、水电气热设备机房等重要区域、部位的防护应符合下列规定：

①应根据现场环境和安全防范管理要求，合理选择实体防护和（或）出入口控制和（或）入侵探测和（或）视频监控等防护措施；

②实体防护应选择防盗门和（或）防盗窗，其他防护措施应考虑选择的设备类型及其防御非法入侵的能力、报警后的响应时间以及视频监控的监视效果。

5）保护目标的防护应符合下列规定：

①应根据现场环境和安全防范管理要求，合理选择实体防护和（或）区域入侵探测和（或）位移探测和（或）视频监控等防护措施；

②可采用区域入侵探测、位移探测等手段对固定目标被接近或被移动的情况实时探测报警，应考虑报警后的人防响应能力；

③采用视频监控进行防护时，应确保保护目标持续处于监控范围内，应考虑对保护目标及其所在区域的监视效果，且至少应能看清保护目标及其所在区域中人员的活动情况，当保护目标涉密或有隐私保护需求时，视频监控应满足保密和隐私保护的相关规定。

2. 增加了系统架构规划

（1）安全防范系统架构规划应按照安全可控、开放共享的原则，统筹考虑子系统组成、信息资源、集成/联网方式、传输网络、安全防范管理平台、信息共享应用模式、存储管理模式、系统供电、接口协议、智能应用、系统运行维护、系统安全等要素。

（2）应根据安全防范系统，合理选择主电源、备用电源及其供电模式和保障措施，统筹规划设计系统的各类接口以及信息传输、交换、控制协议，进行安全防范管理平台的智能化模块设计，或在安全防范管理平台之外单独规划设计智能化应用系统，包括视频智能分析系统、大数据分析系统等。

（3）应根据安全防范系统接入设备的规模及复杂程度，进行安全防范管理平台的运行维护模块设计，或在安全防范管理平台之外单独规划设计运行维护管理平台（运行维护管理系统），保障安全防范系统、设备以及网络的正常运行。

（4）应按照信息安全相关要求，整体规划安全防范系统的安全策略，选择适宜的接入设备安全措施、数据安全措施、传输网络安全措施以及不同网络的边界安全隔离措施等。

3. 增加了人力防范规划

安全防范工程建设（使用）单位应根据人防、物防、技防相结合，探测、延迟、反应相协调的原则，综合考虑物防、技防能力以及系统正常运行、应急处置的需要，进行人力防范规划。

4. 增加了实体防护设计

（1）实体防护设计应遵循安全性、耐久性、联动性、模块化、标准化等原则，包括周界实体防护设计、建（构）筑物设计和实体装置设计。

（2）周界实体防护设计应包括周界实体屏障、出入口实体防护、车辆实体屏障、安防照明与警示标志等设计内容。

（3）周界实体屏障的设计应符合下列规定：

1）应根据场地条件合理规划周界实体屏障的位置；周界实体屏障的防护面一侧的区域内不应有可供攀爬的物体或设施；

2）有防爆安全要求的周界实体屏障，应根据爆炸冲击波对防护区域的破坏力和（或）杀伤力，设置有效的安全距离；

3）根据安全防范管理要求，可按照分级、分区、纵深防护的原则，设置单层或多层周界实体屏障；多层周界实体屏障之间宜建立清除区；宜充分利用天然屏障进行综合设计，可多种类、多形式屏障组合应用；

4）有防攀越、防穿越、防拆卸、防破坏、防窥视、防投射物等防护功能的周界实体屏障，其材质、强度、高度、宽度、深度（地面以下）、厚度等应满足防护性能的要求；

5）穿越周界的河道、涵洞、管廊等孔洞，应采取相应的实体防护措施。

（4）安防照明与警示标志应符合下列规定：

1）根据安全防范管理要求，可选择连续照明、强光照明、警示照明、运动激活照明等安防照明措施，照射的区域和照度应满足安全防范要求；安防照明不应对保护目标造成伤害；安防照明宜与电子防护系统联动；

2）应在必要位置设置明显的警示标志，警示标志尺寸、颜色、文字、图像、标识应符合相关规定。

（5）建（构）筑物平面与空间布局应符合下列规定：

1）根据安全防范管理要求，应合理设计建（构）筑物场地道路的安全距离、线形和行进路线；应利用场地和景观形成缓冲区、隔离带、障碍等，发挥场地与景观的实体防护功能；

2）建（构）筑物内部区域应进行公共区域、办公区域、重点区域的划分；重点区域宜设置独立出入口；通道设计宜避免人员隐匿或藏匿；重要保护目标所在部位或区域宜设计专用通道；公共停车场宜远离重要保护目标；报警响应人员的驻守位置应保障应急响应、现场处置的需要；

3）具有易燃、易爆、有毒、放射性等特性的保护目标，其存放场所或独立建（构）筑物应设置在隐蔽和远离人群的位置。

（6）建筑门窗的设计与选型应符合下列规定：

1）建筑物所有门窗的框架、固定方式、五金部件等应具有均衡的防撬、防砸、防拆卸等防护能力，并与墙体的防护能力相匹配；

2）有防盗要求时，保护目标所在的部位或区域应按照国家现行标准采用相应安全级别的防盗安全门和相应防护能力的防盗窗；

3）有防爆炸和（或）防弹和（或）防砸要求时，保护目标的门窗应采用具有相应防护能力的材料和结构；选用的防爆炸和（或）防弹和（或）防砸玻璃等材料应符合国家现行标准中相应安全级别的规定；

4）金库等特殊保护目标库房的总库门应采用具有防破坏、防火、防水等相应能力的安全门。

（7）实体装置设计与选型应符合下列规定：

1）应根据保护目标的安全需求，合理配置具有防窥视、防砸、防撬、防弹、防爆炸等功能的实体装置；实体装置的安全等级应与其风险防护能力相适应；

2）应合理选用防盗保险柜（箱）、物品展示柜、防护罩、保护套管等实体装置对重要物品、重要设施、重要线缆等保护目标进行实体防护。

5. 安全防范系统的运行与维护

（1）建设（使用）单位应根据安全防范管理要求、系统规模和竣工文件，编制系统运行与维护的工作规划，建立系统运行与维护保障机制。

（2）系统运行与维护单位可以是建设（使用）单位，也可以是建设（使用）单位委托的第三方运维服务机构。

（3）系统运行与维护单位应建立安全防范系统设备台账，并对系统和设备的全生命周期进行管理。

（4）系统运行与维护工作应落实保密责任与措施，人员应经培训和考核合格后上岗。第三方运维服务机构在退出系统运行与维护工作时，应做好移交工作。

6. 强制性条文

1.0.6 在涉及国家安全、国家秘密的特殊领域开展安全防范工程建设，应按照相关管理要求，严格安全准入机制，选用安全可控的产品设备和符合要求的专业设计、施工和服务队伍。

6.1.3　安全防范工程的设计除应满足系统的安全防范效能外，还应满足紧急情况下疏散通道人员疏散的需要。

6.1.5　高风险保护对象安全防范工程的设计应结合人防能力配备防护、防御和对抗性设备、设施和装备。

6.3.6　周界实体屏障的设计应符合下列规定：

1　应根据场地条件合理规划周界实体屏障的位置；周界实体屏障的防护面一侧的区域内不应有可供攀爬的物体或设施；

2　有防爆安全要求的周界实体屏障，应根据爆炸冲击波对防护区域的破坏力和（或）杀伤力，设置有效的安全距离；

4　有防攀越、防穿越、防拆卸、防破坏、防窥视、防投射物等防护功能的周界实体屏障，其材质、强度、高度、宽度、深度（地面以下）、厚度等应满足防护性能的要求；

5　穿越周界的河道、涵洞、管廊等孔洞，应采取相应的实体防护措施。

6.3.8　车辆实体屏障设计应符合下列规定：

2　车辆实体屏障应具有减速、吸能、阻停等防护功能；应根据防范车辆的载重、速度及其撞击产生的动能，合理设计车辆实体屏障的高度、结构强度、固定方式和材质材料等，满足相应的防冲撞能力要求；

3　有防爆安全要求的车辆实体屏障，应设置有效的安全距离。

6.3.11　建（构）筑物平面与空间布局应符合下列规定：

1　根据安全防范管理要求，应合理设计建（构）筑物场地道路的安全距离、线形和行进路线；应利用场地和景观形成缓冲区、隔离带、障碍等，发挥场地与景观的实体防护功能；

3　具有易燃、易爆、有毒、放射性等特性的保护目标，其存放场所或独立建（构）筑物应设置在隐蔽和远离人群的位置。

6.3.12　建（构）筑物结构设计应符合下列规定：

3　有防爆炸要求时，建筑物墙体应进行防爆结构设计；有保密要求的场所，应进行信息屏蔽、防窃听窃视设计；

4　建（构）筑物的洞口、管沟、管廊、吊顶、风管、桥架、管道等空间尺寸能够容纳防范对象隐蔽进入时，应采用实体屏障或实体构件进行封闭和阻挡。

6.3.13　建筑门窗的设计与选型应符合下列规定：

2　有防盗要求时，保护目标所在的部位或区域应按照国家现行标准采用相应安全级别的防盗安全门和相应防护能力的防盗窗；

3　有防爆炸和（或）防弹和（或）防砸要求时，保护目标的门窗应采用具有相应防护能力的材料和结构；选用的防爆炸和（或）防弹和（或）防砸玻璃等材料应符合国家现行标准中相应安全级别的规定；

4　金库等特殊保护目标库房的总库门应采用具有防破坏、防火、防水等相应能力的安全门。

6.4.3　入侵和紧急报警系统设计内容应包括安全等级、探测、防拆、防破坏及故障识别、设置、操作、指示、通告、传输、记录、响应、复核、独立运行、误报警与漏报警、报警信息分析等，并应符合下列规定：

2 入侵和紧急报警系统应能准确、及时地探测入侵行为或触发紧急报警装置，并发出入侵报警信号或紧急报警信号。

3 当下列设备被替换或外壳被打开时，入侵和紧急报警系统应能发出防拆信号：

1) 控制指示设备、告警装置；

2) 安全等级 2、3、4 级的入侵探测器；

3) 安全等级 3、4 级的接线盒。

4 当报警信号传输线被断路/短路、探测器电源线被切断、系统设备出现故障时，控制指示设备应发出声、光报警信号。

5 应能按时间、区域、部位，对全部或部分探测防区（回路）的瞬时防区、24h 防区、延时防区、设防、撤防、旁路、传输、告警、胁迫报警等功能进行设置。应能对系统用户权限进行设置。

6 系统用户应能根据权限类别不同，按时间、区域、部位对全部或部分探测防区进行自动或手动设防、撤防、旁路等操作，并应能实现胁迫报警操作。

7 系统应能对入侵、紧急、防拆、故障等报警信号来源、控制指示设备以及远程信息传输工作状态有明显清晰的指示。

8 当系统出现入侵、紧急、防拆、故障、胁迫等报警状态和非法操作时，系统应能根据不同需要在现场和（或）监控中心发出声、光报警通告。

14 入侵和紧急报警系统不得有漏报警，误报警率应符合设计任务书和（或）工程合同书的要求。

6.4.5 视频监控系统设计内容应包括视频/音频采集、传输、切换调度、远程控制、视频显示和声音展示、存储/回放/检索、视频/音频分析、多摄像机协同、系统管理、独立运行、集成与联网等，并应符合下列规定：

1 视频采集设备的监控范围应有效覆盖被保护部位、区域或目标，监视效果应满足场景和目标特征识别的不同需求。视频采集设备的灵敏度和动态范围应满足现场图像采集的要求；

2 系统的传输装置应从传输信道的衰耗、带宽、信噪比，误码率、时延、时延抖动等方面，确保视频图像信息和其他相关信息在前端采集设备到显示设备、存储设备等各设备之间的安全有效及时传递。视频传输应支持对同一视频资源的信号分配或数据分发的能力；

3 系统应具备按照授权实时切换调度指定视频信号到指定终端的能力；

4 系统应具备按照授权对选定的前端视频采集设备进行 PTZ 实时控制和（或）工作参数调整的能力；

5 系统应能实时显示系统内的所有视频图像，系统图像质量应满足安全管理要求。声音的展示应满足辨识需要。显示的图像和展示的声音应具有原始完整性；

7 防范恐怖袭击重点目标的视频图像信息保存期限不应少于 90d，其他目标的视频图像信息保存期限不应少于 30d；

10 系统应具有用户权限管理、操作与运行日志管理、设备管理和自我诊断等功能。

6.4.7 出入口控制系统的设计内容应包括：与各出入口防护能力相适应的系统和设

备的安全等级、受控区的划分、目标的识别方式、出入控制方式、出入授权、出入口状态监测、登录信息安全、自我保护措施、现场指示/通告、信息记录、人员应急疏散、独立运行、一卡通用等，并应符合下列规定：

8　出入口控制系统应根据安全等级的要求，采用相应自我保护措施和配置。位于对应受控区、同权限受控区或高权限受控区域以外的部件应具有防篡改/防撬/防拆保护措施；

11　系统不应禁止由其他紧急系统（如火灾等）授权自由出入的功能。系统必须满足紧急逃生时人员疏散的相关要求。当通向疏散通道方向为防护面时，系统必须与火灾报警系统及其他紧急疏散系统联动，当发生火警或需紧急疏散时，人员应能不用进行凭证识读操作即可安全通过；

13　当系统与其他业务系统共用的凭证或其介质构成"一卡通"的应用模式时，出入口控制系统应独立设置与管理。

6.4.9　停车库（场）安全管理系统设计内容应包括出入口车辆识别、挡车/阻车、行车疏导（车位引导）、车辆保护（防砸车）、库（场）内部安全管理、指示/通告、管理集成等，并应符合下列规定：

5　系统应能对车辆的识读过程提供现场指示；当停车库（场）出入口装置处于被非授权开启、故障等状态时，系统应能根据不同需要向现场、监控中心发出可视和（或）可听的通告或警示。

6.4.10　防爆安全检查系统应由具有专业能力的安全检查人员操作，在专门设置的安全检查区，通过安全检查设备的探测、识别，配合人工专业检查，实现探测、发现并阻止禁限带物品进入保护单位或区域的目的。防爆安全检查系统设计应符合下列规定：

1　系统应能对进入保护单位或区域的人员和（或）物品和（或）车辆进行安全检查，对规定的爆炸物、武器和（或）其他违禁品进行实时、有效的探测、显示、记录和报警；

3　系统探测时产生的辐射剂量不应对被检人员和物品产生伤害，不应引起爆炸物起爆。系统探测时泄漏的辐射剂量不应对非被检人员和环境造成伤害；

4　成像式人体安全检查设备的显示图像应具有人体隐私保护功能；

9　应配备防爆处置、防护设施。防护设施应安全受控，便于取用。

6.4.12　楼寓对讲系统设计内容应包括对讲、可视、开锁、防窃听、告警、系统管理、报警控制及管理、无线扩展终端、系统安全等，并应符合下列规定：

5　当系统受控门开启时间超过预设时长、访客呼叫机防拆开关被触发时，应有现场告警提示信息；具有高安全需求的系统还应向管理中心发送告警信息；

9　除已采取了可靠的安全管控措施外，不应利用无线扩展终端控制开启入户门锁以及进行报警控制管理。

6.6.2　安全防范系统的设计应防止造成对人员的伤害，并应符合下列规定：

1　系统所用设备及其安装部件的机械结构应有足够的强度，应能防止由于机械重心不稳、安装固定不牢、突出物和锐利边缘以及显示设备爆裂等造成对人员的伤害；

2　系统所用设备所产生的气体、X射线、激光辐射和电磁辐射等应符合国家相关标准的要求，不能损害人体健康；

3　系统和设备应有防人身触电、防火、防过热的保护措施。

6.6.4 安全防范系统的设计应保证系统的信息安全性，并应符合下列规定：

3 应有防病毒和防网络入侵的措施；

5 系统运行的密钥或编码不应是弱口令，用户名和操作密码组合应不同；

6 当基于不同传输网络的系统和设备联网时，应采取相应的网络边界安全管理措施。

6.6.5 安全防范系统的设计应考虑系统的防破坏能力，并应符合下列规定：

1 入侵和紧急报警系统应具备防拆、断路、短路报警功能；

3 系统供电暂时中断恢复供电后，系统应能自动恢复原有工作状态，该功能应能人工设定。

6.12.4 备用电源和供电保障规划设计应符合下列规定：

3 安全等级4级的出入口控制点执行装置为断电开启的设备时，在满负荷状态下，备用电源应能确保该执行装置正常运行不应小于72h。

6.13.1 传输方式的选择应符合下列规定：

4 高风险保护对象的安全防范工程应采用专用传输网络［专线和（或）虚拟专用网］。

6.13.3 传输设备选型应符合下列规定：

2 无线发射装置、接收装置的发射频率、功率应符合国家无线电管理的有关规定。

6.13.4 布线设计应符合下列规定：

4 监控中心的值守区与设备区为两个独立物理区域且不相邻时，两个区域之间的传输线缆应封闭保护，其保护结构的抗拉伸、抗弯折强度不应低于镀锌钢管；

5 来自高风险区域的线缆路由经过低风险区域时，应采取必要的防护措施；

6 出入口执行部分的输入线缆在该出入口的对应受控区、同权限受控区、高权限受控区以外的部分应封闭保护，其保护结构的抗拉伸、抗弯折强度不应低于镀锌钢管。

6.14.2 监控中心的自身防护应符合下列规定：

1 监控中心应有保证自身安全的防护措施和进行内外联络的通信手段，并应设置紧急报警装置和留有向上一级接处警中心报警的通信接口；

2 监控中心出入口应设置视频监控和出入口控制装置；监视效果应能清晰显示监控中心出入口外部区域的人员特征及活动情况；

3 监控中心内应设置视频监控装置，监视效果应能清晰显示监控中心内人员活动的情况；

4 应对设置在监控中心的出入口控制系统管理主机、网络接口设备、网络线缆等采取强化保护措施。

6.14.3 监控中心的环境应符合下列规定：

2 监控中心的疏散门应采用外开方式，且应自动关闭，并应保证在任何情况下均能从室内开启。

7.2.4 线缆敷设应符合下列规定：

3 线缆接续点和终端应进行统一编号、设置永久标识，线缆两端、检修孔等位置应设置标签；

5 多芯电缆的弯曲半径应大于其外径的6倍，同轴电缆的弯曲半径应大于其外径的15倍，4对型网络数据电缆的弯曲半径应大于其外径的4倍，光缆的弯曲半径应大于光缆外径的 10 倍。

12 在研制、生产、使用、储存、经营和运输过程中可能出现易燃易爆的特殊环境，应按现行国家标准的有关规定，进行危险源辨识，根据其规定的危险场所分类，采用相对应的材料，保持安全距离，合理规划管线敷设的位置，严格遵守所规定的施工工艺方法。

9.1.3 工程检验所使用的仪器、仪表必须经检定或校准合格，且检定或校准数据范围应满足检验项目的范围和精度的要求。

11.1.5 系统运行与维护工作应落实保密责任与措施。

11.1.6 系统运行与维护人员应经培训和考核合格后上岗。

11.2.7 同时接入监控中心和公安机关接警中心的紧急报警，监控中心值机人员应核实公安机关是否收到报警信息。

2.5.2 《建筑施工易发事故防治安全标准》JGJ/T 429—2018

1. 一般规定

（1）在危险性较大的分部分项工程的施工过程中，应指定专职安全生产管理人员在施工现场进行施工过程中的安全监督。

（2）进入施工现场的作业人员应逐级进行人场安全教育及岗位能力培训，经考核合格后方可上岗。特种作业人员应符合从业准入条件，持证上岗。

（3）施工现场出入口、施工起重机械、临时用电设施以及脚手架、模板支撑架等施工临时设施、临边与洞口等危险部位，应设置明显的安全警示标志和必要的安全防护设施，并应经验收合格后方可使用。临时拆除或变动安全防护设施时，应按程序审批，经验收合格后方可使用。

2. 坍塌

（1）基坑坍塌防范措施

1）施工现场物料不宜堆置在基坑边缘、边坡坡顶、桩孔边，当需堆置时，堆置的重量和距离应符合设计规定。各类施工机械距基坑边缘、边坡坡顶、桩孔边的距离，应根据设备重量、支护结构、土质情况按设计要求进行确定，且不宜小于 1.5m；

2）基坑支护采用内支撑时，应按先撑后挖、先托后拆的顺序施工，拆撑、换撑顺序应满足设计工况要求，并应结合现场支护结构内力和变形的监测结果进行。内支撑应在坑内梁、板、柱结构及换撑结构混凝土达到设计要求的强度后对称拆除；

3）基坑施工应收集天气预报资料，遇降雨时间较长、降雨量较大时，应提前对已开挖未支护基坑的侧壁采取覆盖措施，并应及时排除基坑内积水。

（2）边坡坍塌防范措施

1）对开挖后不稳定或欠稳定的边坡，应采取自上而下、分段跳槽、及时支护的逆作法或半逆作法施工，未经设计许可严禁大开挖、爆破作业。切坡作业时，严禁先切除坡脚，并不得从下部掏采挖土；

2）边坡开挖后应及时按设计要求进行支护结构施工或采取封闭措施。边坡应在支护结构混凝土达到设计要求的强度，并在锚杆（索）按设计要求施加预应力后，方可开挖或填筑下一级土方；

3）边坡爆破施工时，应采取措施防止爆破震动影响边坡及邻近建（构）筑物稳定；

4）边坡塌滑区有重要建（构）筑物的一级边坡工程施工时，应对坡顶水平位移、垂直位移、地表裂缝和坡顶建（构）筑物变形进行监测。

（3）临时建筑

1）临时建筑布置不得选择在易发生滑坡、泥石流、山洪等危险地段和低洼积水区域，应避开河沟、高边坡、深基坑边缘；

2）搭设在空旷、山脚处的活动房应采取防风、防洪和防暴雨等措施；

3）临时建筑严禁设置在建筑起重机械安装、使用和拆除期间可能倒塌覆盖的范围内。

（4）装配式建筑工程

1）预制梁、楼板安装应设置可靠的临时支撑体系，应具有足够的承载能力、刚度和整体稳固性；

2）预制构件与吊具应在校准定位完毕及临时支撑安装完成后进行分离。现浇段混凝土强度未达到设计要求，或结构单元未形成稳定体系前，不应拆除临时支撑系统。

（5）拆除工程

1）人工拆除作业时，楼板上严禁人员聚集或堆放材料。人工拆除建筑墙体时，严禁采用掏掘或推倒的方法；

2）梁式桥宜采用逆序拆除，不得采用机械破坏墩柱造成整体坍塌等危险方式进行拆除；

3）爆破拆除工程的预拆除施工中，不应拆除影响结构稳定的构件；

4）当采用支架法进行结构拆除时，应采用可靠的支撑系统。

3. 高处坠落

（1）凡在 2m 以上的悬空作业人员，应佩戴安全带。

（2）高处作业应设置专门的上下通道，攀登作业人员应从专门通道上下。上下通道应根据现场情况选用钢斜梯、钢直梯、人行塔梯等，各类梯道安装应牢固可靠。

（3）起重吊装悬空作业应有安全防护措施，并应符合下列要求：

1）结构吊装应设置牢固可靠的高处作业操作平台或操作立足点；

2）操作平台外围应设置防护栏杆；

3）操作平台面应满铺脚手板，脚手板应铺平绑牢，不得出现探头板。

（4）装配式建筑预制外墙施工所使用的外挂脚手架，其预埋挂点应经设计计算，并应设置防脱落装置，作业层应设置操作平台。

4. 物体打击

（1）设置防护棚。

（2）施工现场人员不应在起重机覆盖范围内和有可能坠物的地方逗留、休息。

（3）临近边坡的作业面、通行道路，当上方边坡的地质条件较差，或采用爆破方法施工边坡土石方时，应在边坡上设置阻拦网、插打锚杆或覆盖钢丝网进行防护。

5. 机械伤害

（1）施工现场应为机械提供道路、水电、机棚及停机场地等必备的作业条件，夜间作业应提供充足的照明。

（2）机械在临近坡、坑边缘及有坡度的作业现场（道路）行驶时，其下方受影响范围内不得有任何人员。

（3）作业人员不得站在不稳定的地方使用电动或气动工具，当需使用时，应有专人监护；木工圆盘锯机上的旋转锯片应带有护罩，平刨应设置护手装置；齿轮传动、皮带传动、连轴传动的小型机具应设置安全防护装置。

6. 用电伤害

各类用电人员应掌握安全用电基本知识和所用设备的性能，水上或潮湿地带的电缆线应绝缘良好，并应具有防水功能，电缆线接头应经防水处理。

7. 起重伤害

（1）纳入特种设备目录的起重机械进入施工现场，应具有特种设备制造许可证、产品合格证、备案证明和安装使用说明书。起重机械进场组装后应履行验收程序，填写安装验收表，并经责任人签字，在验收前应经有相应资质的检验检测机构监督检验合格。

（2）起重机械的变幅限位器、力矩限制器、起重量限制器、防坠安全器、各种行程限位开关以及滑轮和卷筒的钢丝绳防脱装置、吊钩防脱钩装置等安全保护装置，应齐全有效，严禁随意调整或拆除。严禁利用限制器和限位装置代替操纵机构。

（3）起重机械起吊的构件上不应有人、浮置物、悬挂物件，吊运易散落物件或吊运气瓶时，应使用专用吊笼。起重机严禁采用吊具载运人员。

8. 淹溺

（1）基坑和顶管工程施工时，应采取防淹溺措施，并应符合下列规定：

1）基坑、顶管工作井周边应有良好的排水系统和设施，避免坑内出现大面积、长时间积水；

2）采用井点降水时，降水井口应设置防护盖板或围栏，并应设置明显的警示标志，完工后应及时回填降水井；

3）对场地内开挖的槽、坑、沟及未竣工建筑内修建的蓄水池、化粪池等坑洞，当积水深度超过 0.5m 时，应采取有效的防护措施，夜间应设红灯警示。

（2）桥梁工程水上施工作业应采取防止淹溺事故的安全技术措施，并应符合下列规定：

1）水上作业平台周边应按临边作业要求设置防护栏杆，平台应满铺脚手板，人员上下通道应设安全网，并应设置多条安全通道；

2）水上作业时，作业人员应佩戴救生衣，穿防滑鞋，并应配备救生船、救生绳、救生梯、救生网等救生工具；上下游应设置浮绳，并应配备一定数量的固定式防水灯，夜间应有足够的照明；

3）应做好雨天水情通报工作，收集气象、水文信息，并应在河流上游设置水位尺，安排专人负责水情预报、预警、信号传递，遇到水位发生上涨时，应每小时通报一次，当水位超过警戒水位时，应立即启动应急预案。

9. 冒顶片帮

（1）隧道工作面开挖后应按要求及时施作初期支护，并应封闭成环，严禁岩层裸露时间过长，Ⅲ、Ⅳ、Ⅴ级围岩封闭位置距离掌子面不得大于 3.5m。施工中应随时观察支护各部位，当支护变形或损坏时，作业人员应及时撤离现场。

（2）隧道仰拱施工应符合下列规定：

1）仰拱开挖前应完成钢架锁脚锚杆施作；

2）Ⅳ级及以上围岩仰拱每循环开挖长度不得大于 3m，仰拱应分段一次整幅浇筑，不得分幅施作，并应根据围岩情况严格限制分段长度；

3）仰拱与掌子面的距离，Ⅲ级围岩不得超过 90m，Ⅳ级围岩不得超过 50m，Ⅴ级及以上围岩不得超过 40m；

4）仰拱开挖后应立即施作初期支护，并应与拱墙初期支护封闭成环。

（3）软弱围岩隧道开挖掌子面至二次衬砌之间应设置逃生通道，并应随开挖进尺不断前移。逃生通道的承载力、刚度应满足安全要求，逃生通道距离开挖掌子面不得大于 20m，通道内径不宜小于 0.8m。

10. 透水

（1）穿越富水底层的隧道开挖及支护各道工序应紧密衔接，应采用对围岩扰动小的掘进方式，钻爆作业应控制起爆药量和循环进尺，并结合监控量测信息，及时施作二次衬砌。

（2）地下水位以下的基坑、顶管或挖孔桩施工，应根据地质钻探资料和工程实际情况，采取降水或抗渗维护措施。当有地下承压水时，应事先探明承压水头和不透水层的标高和厚度，并对坑底土体进行抗浮托能力计算，当不满足抗浮托要求时，应采取措施降低承压水头。

11. 爆炸和放炮

（1）爆破作业和爆破器材的采购、运输和储存等应按现行国家标准《爆破安全规程》GB 6722 的规定执行。严禁使用不合格、自制、来路不明的爆炸物及爆破器材；当日剩余的爆炸物品应经现场负责人、爆破员、安全员清点后由爆破员或安全员退回仓库储存，并应进行退库登记，严禁私自带回宿舍或私自储存。

（2）爆破作业应符合下列规定：

1）爆破作业应设警戒区和警戒哨岗，配备警戒人员和警戒设施，警戒人员应与爆破指挥部信息畅通。起爆前应撤出人员并应发出声光等警示信号；起爆后检查人员应在安全等待时间过后方可进入爆破警戒区范围内进行检查，并应在确认安全后，方可由爆破指挥部发出解除爆破警戒信号，在此之前，岗哨不得撤离，非检查人员不得进入爆破警戒范围；

2）钻孔装药作业应由爆破工程技术人员指挥、爆破员操作，并应按爆破设计方案进行网络连接。钻孔装药应拉稳药包提绳，配合送药杆进行。在雷管和起爆药包放入之前发生卡塞时，应采用长送药杆处理，装入起爆药包后，不得使用任何工具冲击和积压；

3）长度小于 300m 的隧道，起爆站应设在洞口侧面 50m 以外，其余隧道洞内起爆站距爆破位置不得小于 300m；

4）盲炮检查应在爆破 15min 后实施，发现盲炮应立即设立安全警戒，及时报告并由原爆破人员处理。电力起爆发生盲炮时应立即切断电源，爆破网络应置于短路状态。

12. 中毒和窒息

（1）在易产生有毒有害气体的狭小或密闭的缺氧空间作业前，应检测有毒有害气体和氧含量，根据检测结果及时通风或排风，并应符合下列规定：

1）地下管道、烟道、涵洞施工前，应强制送风，且空气中有毒有害气体和氧含量符合要求后方可作业，并应保持空气流通；

2）当挖孔桩开挖深度超过 5m 或有特殊要求时，下孔作业前，应采取机械送风，送风量不应小于 25L/s；

3）当隧道施工独头掘进长度超过 150m 时，应采用机械通风，每人供应新鲜空气量不应小于 $3m^3/min$，风速不得大于 6m/s，全断面开挖时风速不应小于 0.15m/s，导洞内不得小于 0.15m/s，风管出口距离掌子面不得大于 15m；作业前应检测有毒有害气体；

4）作业过程中，应监测作业场所空气中氧含量的变化，作业环境空气中氧含量不得小于 19.5%；

5）不得用纯氧进行通风换气。

（2）在已确定为缺氧作业环境的场所作业时，应有专人监护，并应采取下列措施：

1）无关人员不得进入缺氧作业场所，并应在醒目处设置警示标志；

2）作业人员应配备并使用空气呼吸器或软管面具等隔离式呼吸保护器具，不得使用过滤式面具；

3）当存在因缺氧而坠落的危险时，作业人员应使用安全带，并在适当位置可靠地安装必要的安全绳网设备；

4）在每次作业前，应检查呼吸器具和安全带，发现异常应立即更换，不得勉强使用；

5）在作业人员进入缺氧作业场所前和离开时应清点人数。

2.5.3 《塔式起重机混凝土基础工程技术标准》JGJ/T 187—2019

1. 塔机风荷载计算

（1）塔机工作状态的基本风压应按 $0.20kN/m^2$ 取用，风荷载作用方向应按起重力矩同向计算；非工作状态的基本风压应按现行国家标准《建筑结构荷载规范》GB 50009 中给出的 50 年一遇的风压取用，且不应小于 $0.35kN/m^2$，风荷载作用方向应按最不利方向作用。

（2）风荷载标准值计算：

垂直于塔机表面上的风荷载标准值，应按式（2-1）计算：

$$W_k = 0.8\beta_z\mu_s\mu_z\omega_0 \tag{2-1}$$

式中　W_k——风荷载标准值（kN/m^2）；

　　　β_z——风振系数；

　　　μ_s——风荷载体型系数；

　　　μ_z——风压等效高度变化系数；

　　　ω_0——基本风压（kN/m^2）。

（3）独立塔机工作状态时风荷载计算：

工作状态时塔机风荷载的等效均布荷载标准值应按式（2-2）、式（2-3）计算：

$$q_{sk} = W_k A/H \tag{2-2}$$

$$A = \alpha_0 BH \tag{2-3}$$

$$W_k = 0.8\beta_z\mu_s\mu_z\omega_0$$

式中　q_{sk}——塔机工作状态时，风荷载的等效均布荷载标准值（kN/m）；

　　　ω_0——基本风压，塔机工作状态时值取 $0.2kN/m^2$；

　　　A——塔身单元桁架结构迎风面面积（m^2）；

　　　α_0——塔身前后片桁架的平均充实率；

B——塔身桁架结构宽度（m）；

H——塔机独立状态下计算高度（m），基础顶面至锥形塔帽一半高度或平头塔机的臂架顶。工作状态时，作用在塔机上的风荷载的水平合力标准值应按式（2-4）计算。

$$F_{sk} = q_{sk} \cdot H \qquad (2\text{-}4)$$

式中　F_{sk}——作用在塔机上风荷载的水平合力标准值（kN）。

工作状态时，风荷载作用在基础顶面的力矩标准值应按式（2-5）计算：

$$M_{sk} = 0.5 F_{sk} \cdot H \qquad (2\text{-}5)$$

式中　M_{sk}——风荷载作用在基础顶面的力矩标准值（kN·m）。

2. 塔机基础和地基设计计算

（1）地基基础设计时所采用的作用效应与相应的抗力限值应符合下列规定：

1）当按地基承载力确定基础底面积及埋深或按单桩承载力确定桩数时，传至基础或承台底面上的作用效应应按正常使用极限状态下作用的标准组合，相应的抗力应采用地基承载力特征值或单桩承载力特征值；

2）当计算地基变形时，传至基础底面上的作用效应应按正常使用极限状态下作用的准永久组合，相应的限值应为地基变形允许值；

3）当计算基坑边坡或斜坡稳定性时，作用效应应按承载能力极限状态下作用的基本组合计算，其分项系数应为 1.0；

4）当确定基础或桩承台高度、计算基础内力、确定配筋和验算材料强度时，传给基础的作用效应和相应的基底反力应按承载能力极限状态下作用的基本组合计算，并应采用相应的分项系数；

5）基础设计的结构重要性系数应取 1.0。

（2）塔机基础设计应采用塔机使用说明书中提供的基础荷载，包括工作状态和非工作状态的垂直荷载、水平荷载、倾覆力矩（包括塔机自重、起重荷载、风荷载等引起的力矩）、扭矩以及基础与其上土的自重荷载和非工作状态的基本风压，如图 2-17 所示；若非工作状态时塔机现场的基本风压大于塔机使用说明书中提供的基本风压，则应根据实际对风压进行换算。如果塔机使用说明书中没有特殊说明，所提供的基础荷载应作为标准组合值进行计算。

（3）矩形及十字形基础地基承载力计算。

当轴心荷载作用时，按式（2-6）计算：

$$p_k \leqslant f_a \qquad (2\text{-}6)$$

式中　p_k——相应于作用的标准组合时，基础底面处的平均压力值（kPa）；

f_a——修正后的地基承载力特征值（kPa）。

当偏心荷载作用时，除应符合式（2-6）要求外，尚应符合式（2-7）要求：

$$p_{kmax} \leqslant 1.2 f_a \qquad (2\text{-}7)$$

式中　p_{kmax}——相应于作用的标准组合时，基础底面边缘的最大压力值（kPa）。

（4）基础底面压力的确定。

轴心荷载作用时，按式（2-8）计算：

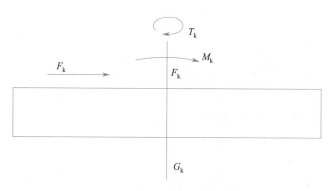

图 2-17　基础荷载

F_k—作用于基础顶面的竖向荷载标准值（kN）；F_{vk}—水平荷载标准值（kN）；M_k—倾覆力矩荷载标准值（kN·m）；
T_k—扭矩荷载标准值（kN·m）；G_k—基础与其上土的自重荷载标准值（kN）

$$p_k = \frac{F_k + G_k}{bl} \tag{2-8}$$

偏心荷载作用时，按式（2-9）计算：

$$p_{kmax} = \frac{F_k + G_k}{bl} + \frac{M_k + F_{vk} \cdot h}{W} \tag{2-9}$$

式中　b——矩形基础底面或基础梁截面的宽度（m）；

　　　l——矩形基础底面的长度（m）；

　　　h——基础或基础梁截面的高度（m）；

　　　W——基础底面的抵抗矩（m^3）。

偏心距 $e > \dfrac{b}{6}$（图 2-18）时，按式（2-10）计算：

$$p_{kmax} = \frac{2(F_k + G_k)}{3la} \tag{2-10}$$

式中　a——合力作用点至基础底面最大压力边缘的距离（m）。

偏心距 e 的计算，按式（2-11）、式（2-12）计算：

$$e = \frac{M_k + F_{vk} \cdot h}{F_k + G_k} \tag{2-11}$$

$$e \leqslant b/4 \tag{2-12}$$

（5）当塔机基础为十字形时，可采用简化计算法，即倾覆力矩标准值、水平荷载标准值仅由与其作用方向相同的一个条形基础承载，竖向荷载标准值（$F_k + G_k$ 之和）应由全部基础承载。

（6）方形基础和底面边长比小于或等于 1.1 的矩形基础应按双向偏心受压作用验算地基承载力，并应符合下列规定：

1）塔机倾覆力矩的作用方向应取基础对角线方向（图 2-19），基础底面的压力应符合式（2-13）、式（2-14）要求。

2）当偏心荷载合力作用点在核心区内时（$p_{kmin} \geqslant 0$），应按式（2-13）、式（2-14）计算：

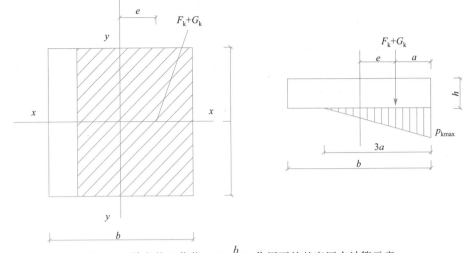

图 2-18　单向偏心荷载（$e > \dfrac{b}{6}$）作用下的基底压力计算示意

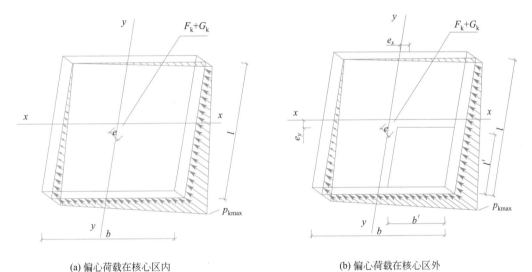

(a) 偏心荷载在核心区内　　　　　　　　(b) 偏心荷载在核心区外

图 2-19　双向偏心荷载作用下矩形基础的基底压力

$$p_{k\max} = \frac{F_k + G_k}{A} + \frac{M_{kx}}{W_x} + \frac{M_{ky}}{W_y} \tag{2-13}$$

$$p_{k\min} = \frac{F_k + G_k}{A} - \frac{M_{kx}}{W_x} - \frac{M_{ky}}{W_y} \tag{2-14}$$

式中　$p_{k\min}$——相应于作用的标准组合时，基础底面边缘的最小压力值（kPa）；

　　　　A——基础底面面积（m^2）；

　M_{kx}、M_{ky}——分别为相应于作用的标准组合时，作用于基础底面对 x、y 轴的力矩值（kN·m）；

　　W_x、W_y——分别为基础底面对 x、y 轴的抵抗矩（m^3）。

（7）地基承载力特征值应按岩土工程勘察报告取用。当基础宽度大于 3m 或埋置深度大于 0.5m 时，应将地基承载力特征值或载荷试验等方法确定的地基承载力特征值按现行国家标准《建筑地基基础设计规范》GB 50007 的规定进行修正。

3. 地基变形与稳定计算

（1）当地基主要受力层的承载力特征值不小于 130kPa 或小于 130kPa 但有地区经验时，且黏性土的状态不低于可塑（液性指数 $I_L \leqslant 0.75$）、砂土的密实度不低于稍密，可不进行塔机基础的天然地基变形验算。

（2）当塔机基础有下列情况之一时，应进行地基变形验算：

1）基础附近地面有堆载作用；

2）地基持力层下有软弱下卧层。

（3）当塔机基础底标高接近稳定边坡坡底或基坑底部并符合下列要求之一时，可不进行地基稳定性验算（图 2-20）：

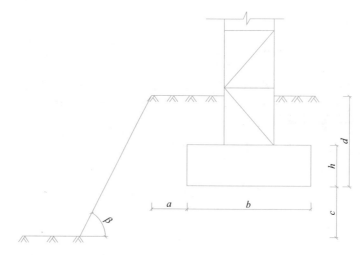

图 2-20　基础位于边坡的示意

a—基础底面外边缘线至坡顶的水平距离（m）；b—垂直于坡顶边缘线的基础底面边长（m）；

c—基础底面至坡（坑）底的竖向距离（m）；d—基础埋置深度（m）；β—边坡角度（°）

1）基础底面外边缘线至坡顶的水平距离不小于 2.0m，基础底面至坡（坑）底的竖向距离不大于 1.0m，基底地基承载力特征值不小于 130kPa，且其下无软弱下卧层；

2）采用桩基础。

4. 基础设计构造与计算

（1）板式和十字形基础的构造要求

1）矩形基础的长边与短边长度之比不应大于 2，宜采用方形基础；

2）十字形基础的节点处应采用加腋构造，且塔机塔身的 4 根立柱应分别位于条形基础的轴线上；

3）垫层混凝土强度等级不应低于 C20，厚度不应小于 100mm；

4）基础混凝土强度等级不应低于 C30，板式基础的最小配筋率不应小于 0.15%，梁式基础的最小配筋率不应小于 0.20%。

（2）桩基础的构造要求及承台计算

1）桩承台宜采用截面高度不变的矩形板式或十字形梁式承台，截面高度不小于

1200mm，且应满足塔机使用说明书的要求；

2）基桩宜均匀对称布置，且不宜小于 4 根，边桩中心至承台边缘的距离不应小于桩的直径或截面边长，且桩的外边缘至承台边缘的距离不应小于 250mm，其他构造要求不应低于 G101 的构造要求。

3）桩基承台应进行受弯、受剪承载力计算，应将塔机作用于承台的 4 根立柱所包围的面积作为柱截面，承台弯矩按式（2-15）、式（2-16）计算，剪力则按现行标准《建筑桩基技术规范》JGJ 94 的规定进行承载力验算。

$$M_x = \sum N_i y_i \tag{2-15}$$

$$M_y = \sum N_i x_i \tag{2-16}$$

式中　M_x、M_y——分别为绕 x 轴、y 轴方向计算截面处的弯矩设计值（kN·m）；

　　　　x_i、y_i——分别为垂直 y 轴、x 轴方向自桩轴线到相应计算截面的距离（m）；

　　　　N_i——不计承台及其上土自重，在作用的基本组合下，第 i 根桩的竖向反力设计值（kN）。

4）对位于塔机塔身柱冲切破坏锥体以外的基桩，承台受角桩冲切的承载力可按下式计算（图 2-21）：

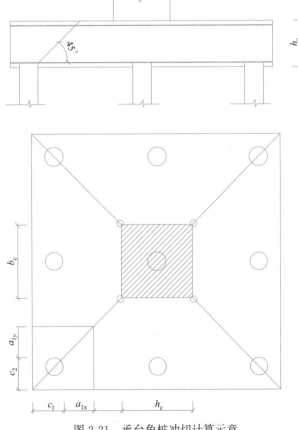

图 2-21　承台角桩冲切计算示意

$$N_1 \leqslant \left[\beta_{1x} \left(c_2 + \frac{a_{1y}}{2} \right) + \beta_{1y} \left(c_1 + \frac{a_{1x}}{2} \right) \right] \beta_{hp} \cdot f_t \cdot h_0 \tag{2-17}$$

$$\beta_{1x} = \frac{0.56}{\lambda_{1x} + 0.2} \tag{2-18}$$

$$\beta_{1y} = \frac{0.56}{\lambda_{1y} + 0.2} \tag{2-19}$$

$$\lambda_{1x} = \frac{a_{1x}}{h_0} \tag{2-20}$$

$$\lambda_{1y} = \frac{a_{1y}}{h_0} \tag{2-21}$$

式中 N_1——相应于作用的基本组合时，不计承台及其上土自重的角桩桩顶的竖向力设计值（N）；

β_{1x}、β_{1y}——均为角桩冲切系数；

c_1、c_2——角桩内边缘至承台外边缘的水平距离；

a_{1x}、a_{1y}——从承台底角桩顶边缘引 45°冲切线与承台顶面相交点至角桩内边缘的水平距离（mm）；当塔机塔身柱边位于该 45°线以内时，取由塔机塔身柱边与桩内边缘连线为冲切锥体的锥线；

β_{hp}——承台受冲切承载力截面高度影响系数，当 $h \leqslant 800$mm 时取 1.0，当 $h \geqslant 2000$mm 时取 0.9，当 h 介于 800～2000mm 之间时，按线性内插值法取值。

f_t——承台混凝土抗拉强度设计值（N/mm²）；

h_0——承台外边缘的有效高度（mm）；

λ_{1x}、λ_{1y}——均为角桩冲跨比，其值应为 0.25～1.0。

（3）组合式基础中格构式钢柱、型钢剪刀撑、型钢平台的构造要求

1）钢立柱在连接型钢剪刀撑的节点处，宜设置横隔板，且应放大连接型钢剪刀撑的节点缀板。

2）格构式钢柱下端伸入灌注桩的锚固长度不应小于 2.0m，且不宜小于格构式钢柱截面长边的 5 倍，分肢角钢应与基桩的纵筋焊接。

3）型钢平台可采用整体式或分离式构造，宜采用型钢和厚钢板组成的整体式构造。

2.5.4 《整体爬升钢平台模架技术标准》JGJ 459—2019

1. 设计与制作

（1）整体钢平台模架在爬升阶段、作业阶段、非作业阶段均应满足承载力、刚度、整体稳固性的要求。

（2）组成整体钢平台模架的钢平台、吊脚手架、支撑、爬升、模板等几大系统的设计制作宜采用标准化的构件组装形式。钢平台系统和吊脚手架系统周边应采用全封闭方式进行安全防护；吊脚手架、支撑或爬升系统的底部与结构墙体之间应设置防坠挡板；爬升系统宜采用双作业液压缸动力系统或蜗轮蜗杆动力系统。

（3）钢构件和部品出厂时应提供下列资料：

1）产品合格证；

2）钢材连接材料和涂装材料的质量证明文件；

3）高强度螺栓摩擦面抗滑移系数试验报告；

4）焊缝无损检验报告；

5）构件发运和包装清单。

（4）竖向支撑装置与水平限位装置制作质量检验应符合下列规定：

1）竖向支撑装置承力销高度和宽度偏差不应大于 3mm，承力销伸缩应灵活，与钢梁连接的螺栓规格数量符合设计要求；

2）水平限位装置滚轮直径和厚度偏差不应大于 3mm，滚轮旋转应灵活。

（5）爬升靴控制质量检验应符合下列规定：

1）爬升靴控制手柄应操作灵活；

2）换向限位块伸出长度应符合设计要求，伸出长度允许偏差不应大于 2mm。

（6）爬升钢柱制作质量检验应符合下列规定：

1）钢柱的截面尺寸、长度、所用型钢规格应符合设计要求；

2）劲性钢柱的制作质量应符合现行国家标准《钢结构工程施工质量验收标准》GB 50205 的规定。

（7）双作用液压缸动力系统质量检验应符合下列规定：

1）液压缸缸体长度、缸体直径和活塞杆直径应符合设计要求；

2）液压缸往复动作 10 次以上应无渗漏；

3）液压系统工作可靠，压力应保持在正常状态；

4）相邻液压缸顶升同步性偏差不应超过 5mm。

（8）蜗轮蜗杆动力系统制作质量检验应符合下列规定：

1）对提升螺杆进行上下升降空载试验动作，行程不应小于 3m，并应重复进行不少于 3 次；

2）空载试验应符合下列规定：

①离合器及换挡手柄应操纵轻便；

②提升螺杆上下升降应灵活；

③各传动机件、链轮、齿轮、蜗轮蜗杆的结合应平稳、无异常；

④离合器应分离彻底、结合平稳、操纵灵活；

⑤减速箱体、传动轴承、电机等部件温升应保持正常；

⑥各部件不得有漏油或漏电现象。

3）载荷试验应符合下列规定：

①提升设计起重量的重物，提升螺杆进行上下升降载荷试验动作，行程不应小于 3m，并应重复进行不少于 3 次；

②提升设计起重量 125% 的重物，提升重物离地 1m 停留 10min，重物与地面之间的距离应保持不变；提升螺杆上下升降载荷试验动作，行程不应小于 3m，并应重复进行不少于 3 次。

4）各项载荷试验后，安全限位装置、提升螺杆与传动螺母、钢平台钢梁吊点、蜗轮蜗杆提升机底架、传动箱体等不应发生裂纹、永久性变形、油漆脱落或连接部位松动的现象，不应出现影响提升机性能及安全的故障或损坏。

2. 专项方案与检测

（1）整体钢平台的设计、装拆以及施工过程应编制专项方案，并按规定通过技术评审和专家论证。专项方案应包括以下内容：

1）整体钢平台模架以及主体结构概况；

2）总体设计图纸、主要构件及连接图纸；

3）设计计算方法以及计算结果；

4）安装、拆除的方法和技术措施；

5）爬升、作业流程以及技术措施；

6）防雷接地方法以及技术措施；

7）保证安全和质量的技术措施；

8）重大危险源的应急预案；

9）管理组织构架以及管理方案。

（2）整体钢平台模架在安装完成后，应进行使用前的性能指标和安装质量检测，检测完成后应出具检验报告。使用过程中应实行验收合格挂牌制度。

3. 安装与拆除

（1）安装前现场应设置模架钢构件和部品的堆放与组装场地，且在起重机械的起重半径范围内。

（2）整体钢平台模架在安装与拆除前，应根据混凝土结构体型特征、系统构件受力特点以及分块位置情况制定安装和拆除的顺序及方法。

（3）整体钢平台模架分块安装与拆除时，应满足分块的整体稳定性要求；安装过程应满足分块连接后形成单元的整体稳固性要求；拆除过程应满足分块拆除后剩余单元的整体稳固性要求。

（4）安装顺序应符合下列要求：

1）各系统应根据传力路径及相互支撑关系依次安装；

2）模板系统宜先于钢平台系统安装；

3）吊脚手架系统应后于钢平台框架安装。

（5）筒架支撑系统的安装应符合下列规定：

1）筒架支撑系统应在钢平台系统安装前完成安装；

2）筒架支撑系统应按混凝土结构筒体的分隔进行分块，各安装单元在地面组装成整体后，再依次吊运到相应的混凝土结构筒体内进行安装；

3）筒架支撑系统安装单元就位后应立即进行上部钢平台框架的安装，在形成整体稳定结构前必须采取保证已安装结构稳定的措施；

4）竖向支撑装置和水平限位装置宜在筒架支撑系统安装单元组装时一并安装。

（6）钢梁爬升系统应在筒架支撑系统安装过程中穿插安装，并在钢平台系统安装前完成安装：

1）钢柱爬升靴组件装置宜在地面与爬升钢柱组装后一并安装；

2）爬升钢柱安装过程中应采取控制垂直度和标高的措施。

（7）整体钢平台模架安装后应进行整体性能调试，并符合下列规定：

1）安装后应进行爬升试验，各顶升点或提升点的同步性能参数应达到设计指标要求；

2）电力系统应进行用电安全性能测试；

3）液压系统应进行系统调试，并应进行静载、动载、超压、失压、内泄漏、外泄漏、锁紧力等试验。

（8）整体钢平台模架安装后应向检测单位提交以下文件：

1）安装专项方案，包括安装方法和技术措施；

2）总体设计图纸、主要构件及连接图纸；

3）设计计算方法以及计算结果；

4）安装、使用操作规程；

5）外购设备的产品合格证和使用说明书；

6）动力系统的电气原理图；

7）整体钢平台模架与混凝土结构连接节点的隐蔽工程验收记录；

8）安装质量自检报告；

9）首次爬升调试的运行记录。

（9）整体钢平台模架宜设置位移传感系统和重力传感系统加强信息化监控：

1）重要构件的应力或应变；

2）重要部位的变形；

3）整体钢平台模架顶部的风速；

4）双作用液压缸及竖向支撑装置的压力；

5）竖向支撑装置的搁置长度；

6）整体钢平台模架与塔吊、施工升降机等之间的距离。

（10）整体钢平台模架的拆除顺序应符合下列规定：

1）拆除时应根据塔吊的起重能力、各系统分块拆除过程中剩余结构的承载力和稳固性等因素进行分块；

2）钢平台系统的拆除应在吊脚手架系统拆除完成后进行，应先拆除钢平台盖板、格栅盖板和模板吊点梁，再分块拆除钢平台框架；

3）筒架支撑系统宜采用整体拆除方式，如果超过起重能力范围，则应自上而下依次分解拆除；

4）最后一段拆除时，应留有供施工人员撤退的通道或脚手架。

（11）整体钢平台模架的空中分体拆除应符合下列规定：

1）整体钢平台模架空中分体拆除前，应采取措施保证拆除过程中装备结构的承载力、刚度和稳固性；

2）安装伸臂桁架层时，影响桁架安装的钢平台框架梁应间隔拆除，并应在桁架安装完成后立即恢复安装；

3）吊脚手架系统因拆分而形成的开口部位应重新进行围护封闭。

4. 爬升与作业

（1）整体钢平台模架支撑于混凝土结构时，支撑部位的混凝土结构应满足承载力要求。

（2）整体钢平台模架每次爬升后应检查防雷接地装置，确保其持续有效。

（3）混凝土结构的墙模板系统设计侧压力标准值不宜大于 $50kN/m^2$，浇筑速度不宜大于 1.2m/h；柱模板系统设计侧压力标准值不宜大于 65kN/m^2，当浇筑速度大于 2.0m/h 时，一次连续浇筑高度不应大于 3.0m。

（4）整体钢平台模架施工过程应安装不少于 2 个自动风速记录仪。风速仪宜安装在钢平台系统的角部位置，高度宜比钢平台系统工作面高出 2.5m 以上。风速应根据天气预报数据并结合风速记录仪监测数据确定。在安装与拆除阶段、爬升阶段、作业阶段的风速超过设计风速限值时，不得进行相应阶段的施工：

1）当风速大于或等于 12m/s 时，不得进行安装与拆除作业；

2）当风速大于或等于 18m/s 时，不得进行爬升作业；

3）当风速大于或等于 32m/s 时，应提前采取与主体结构固定措施，不得进行施工作业。

（5）整体钢平台模架支撑于主体混凝土结构时，混凝土强度等级应符合下列规定：

1）钢柱爬升系统、工具式钢导轨爬升系统的支撑部位主体结构混凝土实体抗压强度不应低于 10MPa；

2）筒体支撑系统、钢梁爬升系统、筒架爬升系统的支撑部位主体结构混凝土实体抗压强度不应低于 20MPa。

（6）平台爬升前需要检查和校正临时钢柱的垂直度，偏差不应超过 1.2%，且爬升孔应完好。

整体钢平台模架的爬升应符合下列规定：

1）当采用蜗轮蜗杆动力系统时，位于装备上部的操作人员应监控蜗轮蜗杆提升机的运转情况。位于装备下部的操作人员应监控混凝土墙面、模板系统与吊脚手架系统之间的碰撞情况。

2）当采用双作用液压缸动力系统时，液压控制系统操作人员应通过控制室操作、监控液压设备运转情况，其他监护人员应监控混凝土墙面、已绑扎的钢筋墙与筒架支撑系统、钢梁爬升系统、模板系统、吊脚手架系统、水平支撑限位装置之间的碰撞情况。

3）当混凝土墙面有不可移除的突出物体时，在爬升过程中应将吊脚手架系统的翻板打开，并应对翻板处的洞口进行临时围护。待吊脚手架系统通过突出物体后，立即恢复翻板至原位。

4）整体钢平台模架爬升时应根据各个提升点或顶升点的位移差值进行同步性控制。

（7）整体钢平台模架在作业中，当风速大于或等于 18m/s 且小于 26m/s 时，应在吊脚手架系统上每两跨、每两步设置一道脚手抗风杆件；当风速大于或等于 26m/s 且小于 32m/s 时，需要加密设置抗风杆件。

（8）脚手抗风杆件的设置应符合下列规定：

1）脚手抗风杆件宜采用 ϕ48mm×3.5mm 钢管；

2）脚手抗风杆件可采用直角扣件固定于脚手吊架上，扣件距离脚手吊架的节点不应大于 300mm；

3）脚手抗风杆件与混凝土墙面的连接，可选用：

①通过混凝土墙面预设的钢板预埋件焊接连接；

②通过受力转接件，用螺栓与混凝土墙面埋设的螺栓套筒连接。

4）在混凝土结构门洞部位处，抗风杆件应与筒架支撑系统连接。

（9）当风速大于或等于 32m/s 时，应在增设抗风杆件且对平台吊脚手架进行加固后停止平台上的一切作业。平台停用超过一个月或遇不小于 32m/s 大风中止施工后复工时，应重新对平台各系统进行质量检验，合格后方可继续使用。

2.5.5　《火灾自动报警系统施工及验收标准》GB 50166—2019

1. 材料、设备进场检查

（1）材料、设备及配件进入施工现场应具有清单、使用说明书、质量合格证明文件、国家法定质检机构的检验报告等文件，火灾自动报警系统中的强制认证产品还应有认证证书和认证标识。

（2）系统中国家强制认证产品的名称、型号、规格应与认证证书和检验报告一致。

2. 施工布线

（1）各类管路暗敷时，应敷设在不燃结构内，且保护层厚度不应小于 30mm。各类管路明敷时，应采用单独的卡具吊装或支撑物固定，吊杆直径不应小于 6mm。

（2）符合下列条件时，管路应在便于接线处装设接线盒：

1）管路长度每超过 30m 且无弯曲时；

2）管路长度每超过 20m 且有 1 个弯曲时；

3）管路长度每超过 10m 且有 2 个弯曲时；

4）管路长度每超过 8m 且有 3 个弯曲时。

（3）同一工程中的导线，应根据不同用途选择不同颜色加以区分，相同用途的导线颜色应一致。电源线正极应为红色，负极应为蓝色或黑色。

（4）系统导线敷设结束后，应用 500V 兆欧表测量每个回路导线对地的绝缘电阻，且绝缘电阻值不应小于 20MΩ。

3. 系统部件的安装

（1）控制与显示类设备应与消防电源、备用电源直接连接，不应使用电源插头。主电源应设置明显的永久性标识。

（2）分布式线型光纤感温火灾探测器的感温光纤不应打结，光纤弯曲时，弯曲半径应大于 50mm，每个光通道配接的感温光纤的始端及末端应各设置不小于 8m 的余量段，感温光纤穿越相邻的报警区域时，两侧应分别设置不小于 8m 的余量段；

（3）光栅光纤线型感温火灾探测器的信号处理单元安装位置不应受强光直射，光纤光栅感温段的弯曲半径应大于 0.3m。

（4）电气火灾监控探测器的安装应符合下列规定：

1）探测器周围应适当留出更换与标定的作业空间；

2）剩余电流式电气火灾监控探测器负载侧的中性线不应与其他回路共用，且不应重复接地；

3）测温式电气火灾监控探测器应采用产品配套的固定装置固定在保护对象上。

4. 家用火灾报警控制器调试

（1）应将任一个总线回路的家用火灾探测器、手动报警开关等部件与家用火灾报警控制器相连接后接通电源，使控制器处于正常监视状态。

（2）应对家用火灾报警控制器下列主要功能进行检查并记录，控制器的功能应符合现行国家标准《家用火灾安全系统》GB 22370 的规定：

1）自检功能。

2）主、备电源的自动转换功能。

3）故障报警功能：

①备用电源连线故障报警功能；

②配接部件通信故障报警功能。

4）火警优先功能。

5）消声功能。

6）二次报警功能。

7）复位功能。

5. 防火门和消防设备电源监控器

（1）对消防设备电源监控器下列主要功能进行检查并记录，监控器的功能应符合现行国家标准《消防设备电源监控系统》GB 28184 的规定：

1）自检功能。

2）消防设备电源工作状态实时显示功能。

3）主、备电源的自动转换功能。

4）故障报警功能：

①备用电源连线故障报警功能；

②配接部件连线故障报警功能。

5）消声功能。

6）消防设备电源故障报警功能。

7）复位功能。

（2）应对防火门监控器下列主要功能进行检查并记录，防火门监控器的功能应符合现行国家标准《防火门监控器》GB 29364 的规定：

1）自检功能。

2）主、备电源的自动转换功能。

3）故障报警功能：

①备用电源连线故障报警功能；

②配接部件连线故障报警功能。

4）消声功能。

5）启动、反馈功能。

6）防火门故障报警功能。

（3）应对防火门监控器配接的监控模块的离线故障报警功能进行检查并记录，现场部件的离线故障报警功能应符合下列规定：

1）应使监控模块处于离线状态。

2）监控器应发出故障声、光信号。

3）监控器应显示故障部件的类型和地址注释信息。

4）应操作防火门监控器，使监控模块动作。

（4）应使防火门监控器与消防联动控制器相连接，使消防联动控制器处于自动控制工作状态。联动控制功能应符合下列规定：

1）防火门监控器应控制报警区域内所有常开防火门关闭。

2）防火门监控器应接收并显示每一樘常开防火门完全闭合的反馈信号。

6. 电气火灾监控

（1）应对电气火灾监控设备下列主要功能进行检查并记录，监控设备的功能应符合现行国家标准《电气火灾监控系统 第1部分：电气火灾监控设备》GB 14287.1 的规定：

1）自检功能；

2）操作级别；

3）故障报警功能；

4）监控报警功能；

5）消声功能；

6）复位功能。

（2）电气火灾监控探测器调试。

1）应按设计文件的规定进行报警值设定；

2）应采用剩余电流发生器对探测器施加报警设定值的剩余电流，探测器的报警确认灯应在 30s 内点亮并保持；

3）采用发热试验装置给监控探测器加热至设定的报警温度，探测器的报警确认灯应在 40s 内点亮并保持；

4）监控设备的监控报警和信息显示功能发出报警信号或处于故障状态时，监控设备应发出声、光报警信号，记录报警时间。

7. 系统施工、检测与验收

（1）系统的施工应按照批准的工程设计文件和施工技术标准进行。

（2）系统竣工后，建设单位应组织施工、设计、监理等单位进行系统验收，验收不合格不得投入使用。

（3）系统的检测、验收应按表 2-25 所列的检测和验收对象、项目及数量进行。

系统工程技术检测和验收对象、项目及数量　　　　　　　　　　　表 2-25

序号	检测、验收对象	检测、验收项目	检测数量	验收数量
1	消防控制室	1. 消防控制室设计； 2. 消防控制室设置； 3. 设备的配置； 4. 起集中控制功能火灾报警控制器的设置； 5. 消防控制室图形显示装置预留接口； 6. 外线电话； 7. 设备的布置； 8. 系统接地； 9. 存档文件资料	全部	全部
2	布线	1. 管路和槽盒的选型； 2. 系统线路的选型； 3. 槽盒、管路的安装质量； 4. 电线电缆的敷设质量	全部报警区域	建筑中含有 5 个及以下报警区域的，应全部检验，超过 5 个报警区域的应按实际报警区域数量的 20% 的比例抽验，但抽验总数不应少于 5 个

续表

序号	检测、验收对象	检测、验收项目	检测数量	验收数量
3	Ⅰ 火灾报警控制器	1. 设备选型； 2. 设备设置； 3. 消防产品准入制度； 4. 安装质量； 5. 基本功能	实际安装数量	实际安装数量
	Ⅱ 火灾探测器			1. 每个回路都应抽验； 2. 回路实际安装数量在 20 只及以下者，全部检验；安装数量在 100 只及以下者，抽验 20 只；安装数量超过 100 只，按实际安装数量的 10%～20% 的比例抽验，但抽验总数不应少于 20 只
	Ⅲ 手动火灾报警按钮、火灾声光警报器、☆火灾显示盘			
4	Ⅰ 控制中心监控设备	1. 设备选型； 2. 设备设置； 3. 消防产品准入制度； 4. 安装质量； 5. 基本功能	实际安装数量	实际安装数量
	Ⅱ 家用火灾报警控制器			
	Ⅲ 点型家用感烟火灾探测器、点型家用感温火灾探测器、☆独立式感烟火灾探测报警器、☆独立式感温火灾探测报警器			1. 家用火灾探测器：每个回路都应抽验；回路实际安装数量在 20 只及以下者，全部检验；安装数量在 100 只及以下者，抽验 20 只；安装数量超过 100 只，按实际安装数量的 10%～20% 的比例抽验，但抽验总数不应少于 20 只； 2. 独立式火灾探测报警器：实际安装数量
5	Ⅰ 消防联动控制器	1. 设备选型； 2. 设备设置； 3. 消防产品准入制度； 4. 安装质量； 5. 基本功能	实际安装数量	实际安装数量
	Ⅱ 模块			1. 每个回路都应抽验； 2. 回路实际安装数量在 20 只及以下者，全部检验；安装数量在 100 只及以下者，抽验 20 只；安装数量超过 100 只，按实际安装数量的 10%～20% 的比例抽验，但抽验总数不应少于 20 只
6	Ⅰ 消防电话总机	1. 设备选型； 2. 设备设置； 3. 消防产品准入制度； 4. 安装质量； 5. 基本功能	实际安装数量	实际安装数量
	Ⅱ 电话分机			实际安装数量
	Ⅲ 电话插孔			实际安装数量在 5 只及以下者，全部检验；安装数量在 5 只以上时，按实际数量的 10%～20% 的比例抽检，但抽验总数不应少于 5 只
7	Ⅰ 可燃气体报警控制器	1. 设备选型； 2. 设备设置； 3. 消防产品准入制度； 4. 安装质量； 5. 基本功能	实际安装数量	实际安装数量
	Ⅱ 可燃气体探测器			1. 总线制控制器：每个回路都应抽验；回路实际安装数量在 20 只及以下者，全部检验；安装数量在 100 只及以下者，抽验 20 只；安装数量超过 100 只，按实际安装数量 10%～20% 的比例抽验，但抽验总数不应少于 20 只； 2. 多线制控制器：探测器的实际安装数量

序号	检测、验收对象	检测、验收项目	检测数量	验收数量
8	Ⅰ 电气火灾监控设备		实际安装数量	实际安装数量
	Ⅱ 电气火灾监控探测器、☆线型感温火灾探测器	1. 设备选型； 2. 设备设置； 3. 消防产品准入制度； 4. 安装质量； 5. 基本功能		1. 每个回路都应抽验； 2. 回路实际安装数量在 20 只及以下者，全部检验；安装数量在 100 只及以下者，抽验 20 只；安装数量超过 100 只，按实际安装数量的 10%～20% 的比例抽验，但抽检总数不应少于 20 只
9	Ⅰ 消防设备电源监控器		实际安装数量	实际安装数量
	Ⅱ 传感器	1. 设备选型； 2. 设备设置； 3. 消防产品准入制度； 4. 安装质量； 5. 基本功能		1. 每个回路都应抽验； 2. 回路实际安装数量在 20 只及以下者，全部检验；安装数量在 100 只及以下者，抽验 20 只；安装数量超过 100 只，按实际安装数量的 10%～20% 的比例抽验，但抽验总数不应少于 20 只
10	消防设备应急电源	1. 设备选型； 2. 设备设置； 3. 消防产品准入制度； 4. 安装质量； 5. 基本功能	实际安装数量	1. 实际安装数量在 5 台及以下者，全部检验； 2. 实际安装数量在 5 台以上时，按实际数量的 10%～20% 的比例抽检；但抽验总数不应少于 5 台
11	Ⅰ 消防控制室图形显示装置	1. 设备选型； 2. 设备设置； 3. 消防产品准入制度； 4. 安装质量； 5. 基本功能	实际安装数量	实际安装数量
	Ⅱ 传输设备			
12	Ⅰ 火灾警报器	1. 设备选型； 2. 设备设置； 3. 消防产品准入制度； 4. 安装质量； 5. 基本功能	实际安装数量	抽查报警区域的实际安装数量
	Ⅱ 消防应急广播控制设备			实际安装数量
	Ⅲ 扬声器			抽查报警区域的实际安装数量
	Ⅳ 火灾警报和消防应急广播系统控制	1. 联动控制功能； 2. 手动插入优先功能	全部报警区域	建筑中含有 5 个及以下报警区域的，应全部检验；超过 5 个报警区域的应按实际报警区域数量的 20% 的比例抽验，但抽验总数不应少于 5 个

续表

序号	检测、验收对象	检测、验收项目	检测数量	验收数量
13	Ⅰ防火卷帘控制器	1. 设备选型； 2. 设备设置； 3. 消防产品准入制度； 4. 安装质量； 5. 基本功能	实际安装数量	实际安装数量在5台及以下者，全部检验；实际安装数量在5台以上时，按实际数量的10%～20%的比例抽检，但抽验总数不应少于5台
	Ⅱ手动控制装置、☆火灾探测器			抽查防火卷帘控制器配接现场部件的实际安装数量
	Ⅲ疏散通道上设置防火卷帘联动控制	1. 联动控制功能； 2. 手动控制功能	全部防火卷帘	实际安装数量在5樘及以下者，全部检验；实际安装数量在5樘以上时，按实际数量的10%～20%的比例抽检，但抽验总数不应少于5樘
	Ⅳ非疏散通道上设置防火卷帘控制	1. 联动控制功能； 2. 手动控制功能	全部报警区域	建筑中含有5个及以下报警区域的，应全部检验；超过5个报警区域的应按实际报警区域数量的20%的比例抽验，但抽验总数不应少于5个
14	Ⅰ防火门监控器	1. 设备选型； 2. 设备设置； 3. 消防产品准入制度； 4. 安装质量； 5. 基本功能	实际安装数量	实际安装数量在5台及以下者，全部检验；实际安装数量在5台以上时，按实际数量的10%～20%的比例抽检，但抽验总数不应少于5台
	Ⅱ监控模块、防火门定位装置和释放装置等现场部件			按抽检监控器配接现场部件实际安装数量的30%～50%的比例抽验
	Ⅲ防火门监控系统联动控制	联动控制功能	全部报警区域	建筑中含有5个及以下报警区域的，应全部检验；超过5个报警区域的应按实际报警区域数量的20%的比例抽验，但抽验总数不应少于5个
15	Ⅰ气体、干粉灭火控制器	1. 设备选型； 2. 设备设置； 3. 消防产品准入制度； 4. 安装质量； 5. 基本功能	实际安装数量	实际安装数量
	Ⅱ☆火灾探测器、☆手动火灾报警按钮、声光警报器、手动与自动控制转换装置、手动与自动控制状态显示装置、现场启动和停止按钮			实际安装数量
	Ⅲ气体、干粉灭火系统控制	1. 联动控制功能； 2. 手动插入优先功能； 3. 现场手动启动、停止功能	全部防护区域	全部防护区域

续表

序号	检测、验收对象	检测、验收项目	检测数量	验收数量
16	Ⅰ消防泵控制箱、柜	1. 设备选型； 2. 设备设置； 3. 消防产品准入制度； 4. 安装质量； 5. 基本功能	实际安装数量	实际安装数量
	Ⅱ水流指示器、压力开关、信号阀、液位探测器	基本功能		1. 水流指示器、信号阀：按实际安装数量的30%～50%的比例抽验； 2. 压力开关、液位探测器：实际安装数量
	Ⅲ湿式、干式喷水灭火系统控制	1. 联动控制功能	全部防护区域	建筑中含有5个及以下防护区域的，应全部检验；超过5个防护区域的，应按实际防护区域数量的20%的比例抽验，但抽验总数不应少于5个
		2. 消防泵直接手动控制功能	实际安装数量	实际安装数量
	Ⅳ预作用式喷水灭火系统控制	1. 联动控制功能	全部防护区域	建筑中含有5个及以下防护区域的，应全部检验；超过5个防护区域的，应按实际防护区域数量20%的比例抽验，但抽验总数不应少于5个
		2. 消防泵、预作用阀组、排气阀前电动阀直接手动控制功能	实际安装数量	实际安装数量
	Ⅴ雨淋系统控制	1. 联动控制功能	全部防护区域	建筑中含有5个及以下防护区域的，应全部检验；超过5个防护区域的，应按实际防护区域数量的20%的比例抽验，但抽验总数不应少于5个
		2. 消防泵、雨淋阀组直接手动控制功能	实际安装数量	实际安装数量
	Ⅵ自动控制的水幕系统控制	1. 用于保护防火卷帘的水幕系统的联动控制功能	防火卷帘实际安装数量	防火卷帘实际安装数量在5樘及以下者，全部检验；实际安装数量在5樘以上时，按实际数量的10%～20%的比例抽检，但抽验总数不应少于5樘
		2. 用于防火分隔的水幕系统的联动控制功能	全部防护区域	建筑中含有5个及以下防护区域的，应全部检验；超过5个防护区域的，应按实际防护区域数量的20%的比例抽验，但抽验总数不应少于5个
		3. 消防泵、水幕阀组直接手动控制功能	实际安装数量	实际安装数量

序号	检测、验收对象	检测、验收项目	检测数量	验收数量
17	Ⅰ 消防泵控制箱、柜	1. 设备选型； 2. 设备设置； 3. 消防产品准入制度； 4. 安装质量； 5. 基本功能	实际安装数量	实际安装数量
	Ⅱ 消火栓按钮			按实际安装数量的5%~10%的比例抽验，每个报警区域均应抽验
	Ⅲ 水流指示器、压力开关、信号阀、液位探测器	基本功能		1. 水流指示器、信号阀：按实际安装数量的30%~50%的比例抽验； 2. 压力开关、液位探测器：实际安装数量
	Ⅳ 消火栓系统控制	1. 联动控制功能	全部报警区域	建筑中含有5个及以下报警区域的，应全部检验；超过5个报警区域的，应按实际报警区域数量的20%的比例抽验，但抽验总数不应少于5个
		2. 消防泵直接手动控制功能	实际安装数量	实际安装数量
18	Ⅰ 风机控制箱、柜	1. 设备选型； 2. 设备设置； 3. 消防产品准入制度； 4. 安装质量； 5. 基本功能	实际安装数量	实际安装数量
	Ⅱ 电动送风口、电动挡烟垂壁、排烟口、排烟阀、排烟窗、电动防火阀、排烟风机入口处的总管上设置的280℃排烟防火阀	基本功能	实际安装数量	1. 电动送风口、电动挡烟垂壁、排烟口、排烟阀、排烟窗、电动防火阀：按实际安装数量的30%~50%的比例抽验； 2. 排烟风机入口处的总管上设置的280℃排烟防火阀：实际安装数量
	Ⅲ 加压送风系统控制	1. 联动控制功能	全部报警区域	建筑中含有5个及以下报警区域的，应全部检验；超过5个报警区域的，应按实际报警区域数量的20%的比例抽验，但抽验总数不应少于5个
		2. 加压送风机直接手动控制功能	实际安装数量	实际安装数量
	Ⅳ 电动挡烟垂壁、排烟系统控制	1. 联动控制功能	所有防烟分区	建筑中含有5个及以下防烟分区的，应全部检验；超过5个防烟分区的，应按实际防烟分区数量的20%的比例抽验，但抽验总数不应少于5个
		2. 排烟风机直接手动控制功能	实际安装数量	实际安装数量
19	消防应急照明和疏散指示系统控制	联动控制功能	全部报警区域	建筑中含有5个及以下报警区域的，应全部检验；超过5个报警区域的，应按实际报警区域数量的20%的比例抽验，但抽验总数不应少于5个

序号	检测、验收对象	检测、验收项目	检测数量	验收数量
20	电梯、非消防电源等相关系统的联动控制	联动控制功能	全部报警区域	建筑中含有 5 个及以下报警区域的,应全部检验;超过 5 个报警区域的,应按实际报警区域数量的 20% 的比例抽验,但抽验总数不应少于 5 个
21	自动消防系统的整体联动控制功能	联动控制功能	全部报警区域	建筑中含有 5 个及以下报警区域的,应全部检验;超过 5 个报警区域的,应按实际报警区域数量的 20% 的比例抽验,但抽验总数不应少于 5 个

注：1 表中的抽检数量均为最低要求。

　　2 每一项功能检验次数均为 1 次。

　　3 带有 "☆" 标的项目内容为可选项,系统设置不涉及此项目时,检测、验收不包括此项目。

（4）系统检测、验收结果判定准则应符合下列规定：

1）A 类项目不合格数量为 0、B 类项目不合格数量小于或等于 2、B 类项目不合格数量与 C 类项目不合格数量之和小于或等于检查项目数量的 5%,系统检测、验收结果应为合格；

2）不符合本条第 1 款合格判定准则的,系统检测、验收结果应为不合格。

（5）各项检测、验收项目中有不合格的,应修复或更换,并应进行复验。复验时,对有抽验比例要求的,应加倍检验。

第 6 节　建设工程检测技术

2.6.1　《混凝土中钢筋检测技术标准》JGJ/T 152—2019

1. 取样称量法检测钢筋公称直径

（1）当出现下列情况之一时,应采用取样称量法进行检测：

1）仲裁性检测；

2）对钢筋直径有争议；

3）缺失钢筋资料；

4）委托方有要求。

（2）采用取样称量法检测钢筋公称直径时,应符合下列规定：

1）应沿钢筋走向凿开混凝土保护层；

2）截取长度不宜小于 500mm；

3）应清除钢筋表面的混凝土,用 12% 盐酸溶液进行酸洗,经清水漂净后,用石灰水中和,再以清水冲洗干净；

4）应调直钢筋,并对端部进行打磨平整,测量钢筋长度,精确至 1mm；

5）钢筋表面晾干后,应采用天平称重,精确至 1g。

（3）钢筋直径应按式（2-22）进行计算：

$$d = 12.74 \sqrt{\frac{\omega}{l}}$$

（2-22）

式中　d——钢筋直径（mm），精确至0.1mm；

　　　ω——钢筋试件重量（g），精确至0.1g；

　　　l——钢筋试件长度（mm），精确至1mm。

（4）钢筋实际重量与理论重量的偏差应按式(2-23)计算：

$$p=\dfrac{\dfrac{G_l}{l}-g_0}{g_0} \tag{2-23}$$

式中　p——钢筋实际重量与理论重量偏差（%）；

　　　G——钢筋试件实际重量（g），精确至0.1g；

　　　g_0——钢筋单位长度理论重量（g/mm）；

　　　l——钢筋试件长度（mm），精确至1mm。

（5）钢筋实际重量与理论重量的允许偏差应符合表2-26的规定。

钢筋实际重量与理论重量的允许偏差　　　　　　　　　　表 2-26

公称直径(mm)	单位长度理论重量 （g/mm）	带肋钢筋实际重量与 理论重量的偏差(%)	光圆钢筋实际重量与 理论重量的偏差(%)
6	0.222	+6，−8	+6，−8
8	0.395		
10	0.617		
12	0.888		
14	1.21	+4，−6	+4，−6
16	1.58		
18	2.00		
20	2.47		
22	2.98	+3，−5	+4，−6
25	3.85		
28	4.83		
32	6.31		
36	7.99		
40	9.87		

2. 钢筋力学性能检测

（1）当存在下列情况之一时，应进行钢筋力学性能检测：

1）缺乏钢筋进场抽检试验报告；

2）缺乏相关设计资料；

3）对钢筋力学性能存在怀疑时。

（2）对构件内钢筋进行截取时，应符合下列规定：

1）应选择受力较小的构件进行随机抽样，并应在抽样构件中受力较小的部位截取钢筋；

2）每个梁、柱构件上截取1根钢筋，墙、板构件每个受力方向截取1根钢筋；

3）所选择的钢筋应表面完好，无明显锈蚀现象；

4）钢筋的截断宜采用机械切割方式；

5）截取的钢筋试件长度应符合钢筋力学性能试验的规定。

（3）工程质量检测时，钢筋的抽样数量应符合下列规定：

1）当有钢筋材料进场记录时，根据钢筋材料进场记录确定检测批；

2）在一个检测批内，仅对有疑问的钢筋进行取样，相同牌号和规格的钢筋截取的钢筋试件数量不应少于 2 根。

（4）结构性能评价时，钢筋的抽样数量应符合下列规定：

1）单位工程建筑面积不大于 $3000m^2$ 的钢筋应作为一个检测批；

2）在一个检测批中，随机抽取同一种牌号和规格的钢筋，截取的钢筋试件数量不应少于 2 根。

（5）评估损伤钢筋的力学性能时，应根据不同受损程度确定取样范围和数量。每类受损程度截取的钢筋试件数量不应少于 2 根。

3. 钢筋锈蚀性状监测

（1）钢筋锈蚀性状监测应预先在混凝土结构中埋设锈蚀传感器。对于既有钢筋混凝土结构可采用后装式锈蚀传感器。

（2）钢筋锈蚀性状监测系统应由中央控制器、总线接口、集线节点、锈蚀传感器、参比电极和电缆等构成。

（3）预埋式锈蚀传感器安装（图 2-22）应按下列规定进行：

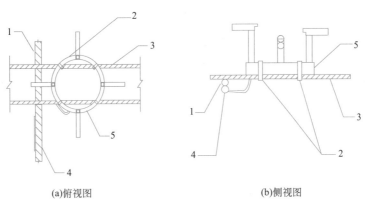

(a)俯视图　　　　　　　　　　　(b)侧视图

图 2-22　预埋式锈蚀传感器安装示意

1—主筋；2—绑扎带；3—箍筋；4—参比电极；5—基座

1）锈蚀传感器阳极安装至需要监测的位置。锈蚀传感器应安装牢固，当基座固定在钢筋网上时，应采用绝缘材料与钢筋网绝缘。

2）测量并记录锈蚀传感器每个阳极外缘距被测钢筋的距离，精确至 1mm。

3）将参比电极固定在锈蚀传感器附近的钢筋网上，参比电极表面应采用碱性无氯凝胶封装。

（4）后装式锈蚀传感器安装应按下列规定进行：

1）采用电磁感应法钢筋探测仪探测钢筋的位置和保护层厚度，并在混凝土表面进行标记；

2）根据保护层厚度的大小和需要监测的部位确定锈蚀传感器的安装位置；

3）阴极应安装于锈蚀传感器的中心位置，并将阴极与混凝土间的间隙填补密实。

（5）锈蚀传感器的阴极在安装过程中，应保证其不受粉尘、液体、铁锈等的污染。

（6）应将各处的锈蚀传感器和阴极引出的电缆接入集线节点，采用串联的方式将各集线节点接入总线接口，将总线接口并入中央控制器。

（7）应启动监测系统中央控制器，检查锈蚀传感器、总线接口和各集线节点等参数是否显示正确。

4. 磁测井法检测基桩钢筋笼长度

（1）检测应按规定的步骤进行（图 2-23）。

图 2-23   检测步骤示意图

（2）测孔分桩内成孔和桩侧成孔，测孔应符合下列规定：

1）桩侧成孔检测时，测试孔与受检桩外侧边缘间距不宜大于 1.0m，并应尽量远离非受检桩；

2）测试孔垂直度偏差不应大于 0.5°；

3）测试孔内径应大于传感器外径，测试孔孔底标高应低于被检测钢筋笼底设计标高 3.0m；

4）当孔中有铁磁性物体存在时，应进行清理，若无法清除时应重新布孔；

5）测试管应采用无磁性管；

6）检查测试孔和测试管的通畅情况，并应进行孔口和管口保护，防止杂物进入测试孔和测试管，确保传感器在全程范围内升降顺畅；

7）测试结束时，应对测试孔进行封闭。

（3）当桩外单孔测试结果有异议时，可采用桩两侧对称成孔检测综合分析判别。

（4）磁场垂直分量强度的测量应符合下列规定：

1）采样间距不宜大于 250mm；

2）传感器移动速率不宜大于 250mm/s；

3）每孔检测不应少于 2 次，曲线应具有良好的重复性；

4）应记录和绘制磁场垂直分量-深度（Z-h）关系曲线；

5）磁场垂直分量-深度（Z-h）关系曲线应能反映钢筋笼分节特征。

2.6.2 《玻璃幕墙工程质量检验标准》JGJ/T 139—2020

1. 全玻幕墙的玻璃加工质量检验

（1）全玻幕墙的玻璃加工质量检测应按下列方法进行：

1）目测玻璃边缘细磨及边缘抛光磨边情况，用精度为 0.5mm 的钢直尺测量倒棱宽度，均应符合现行行业标准《建筑门窗幕墙用钢化玻璃》JG/T 455 的规定。

2）采用钻孔安装时，孔边缘应进行倒角处理，并不应出现崩边和裂口。

（2）玻璃应力的检验，应符合下列规定：

1）幕墙玻璃的种类应满足设计要求。

2）用于幕墙的钢化玻璃和半钢化玻璃的表面应力应符合表 2-27 的规定。

幕墙的钢化玻璃和半钢化玻璃的表面应力 σ（MPa）   表 2-27

钢化玻璃	半钢化玻璃
$\sigma \geqslant 90$，且最大值与最小值之差不大于 15MPa	$24 \leqslant \sigma \leqslant 60$

2. 硅酮结构胶粘结情况及力学性能现场检验

（1）硅酮结构胶粘结情况现场检验应符合下列规定：

1）垂直于胶条做一个切割面，由该切割面沿基材面切出两个长度约 50mm 的垂直切割面，并以大于 90°方向手拉硅酮结构胶块，观察剥离面破坏情况（图 2-24）。

图 2-24 硅酮结构胶粘结情况现场检验示意

2）观察检查打胶质量，用精度为 1mm 的钢直尺测量胶的厚度和宽度。

（2）硅酮结构胶拉伸粘结强度和粘结破坏面积的现场检测应符合下列规定：

1）选定幕墙玻璃单元板块，拆卸并置于平整地面处。副框应进行垂直于玻璃面板方向的切割，切割长度 L 应为（50±5）mm，切割深度应确保切断硅酮结构胶但不破坏玻璃面板（图 2-25）。玻璃板块的一个边最多可取一处进行切割，每个玻璃板块最多可取 3 个位置进行切割。

2）用精度为 0.5mm 的游标卡尺测量并记录硅酮结构胶的宽度、厚度和切割长度，测量时应分别取不同位置测量 2 次，分别求平均值，作为硅酮结构胶宽度、厚度和长度的实测值。

3）将拉拔仪通过夹具或强力胶与副框连接牢固，且拉拔仪的精度不应大于 1N，并应配有拉力及位移的记录装置。

4）使用拉拔仪对被切割开的副框拉伸加载，拉伸速度宜为 5～6mm/min，记录结构胶破坏时的状态和最大的拉力值（P）。

5）硅酮结构胶发生粘结面破坏时，采用精度为 1mm 的透明网格统计剥离粘结破坏面积。

6）硅酮结构胶发生内聚性破坏时，其拉伸粘结强度应按式（2-24）计算：

$$\sigma_{si} = \frac{P_i}{L \times W} \tag{2-24}$$

式中　σ_{si}——硅酮结构胶拉伸粘结强度（MPa）；

　　　P_i——拉拔仪测得最大拉力值（N）；

　　　L——切割长度（mm）；

　　　W——硅酮结构胶的宽度（mm）。

7）取 3 个试件检测结果的平均值，作为该被测单元板块的硅酮结构胶拉伸粘结强度的检测值。

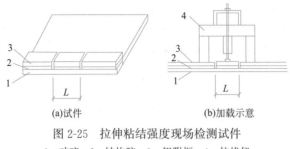

图 2-25　拉伸粘结强度现场检测试件
1—玻璃；2—结构胶；3—铝附框；4—拉拔仪

8）实验完成后，采用强度及弹性模量高于被检试样的硅酮结构胶复原，同时在被切割部位补装长度大于 100mm 的压板。

9）对新建及维修改造的玻璃幕墙工程，检测得到的硅酮结构胶拉伸粘结强度和粘结破坏面积应符合现行国家标准《建筑用硅酮结构密封胶》GB 16776 的规定。对既有玻璃幕墙，检测结果的评价应按现行行业标准《玻璃幕墙粘结可靠性检测评估技术标准》JGJ/T 413 的规定执行。

3. 幕墙预埋系统现场拉拔检验方法

（1）检测数量应符合下列规定：

1）同规格、同型号、同受力模式、同装配关系的埋件及其与幕墙系统的连接作为一个检测单元，每个检测单元不应少于 3 个样品。

2）现场检测时可采取随机抽样的方式进行抽样，或相关各方均认可的样件组成检测单元进行检测。

3）由于样件的特殊性，样件既不能在工程实际位置处检测，也无法在实验室内进行检测时，应按工程的技术要求模拟相应数量、相同装配关系的样件在具备测试条件的地方展开检测。

（2）检测设备及辅助工装应符合下列规定：

1）应提供满足设计要求的加荷设备，精度为 1N。

2）应有精度达到试验要求的位移测量装置，精度为 0.1mm。

3）应根据幕墙安装的实际情况制作相应的工装，工装不得将荷载或作用传递到样件上，同时工装应具备相应的强度，能够满足测试要求。

4）工装应配合加荷设备按照设计要求的方向、大小，同时或分步加载（图 2-26）。

5）加载过程中，位移测量装置应按设计要求进行采集。

6）加载作用点应模拟建筑幕墙的实际受力情况。

（3）检测及数据记录应符合下列规定：

1）应按检测方案加载并采集。连续加载，分别记录垂直方向和水平方向实际施加荷载数值是否达到设计值，在施加荷载过程中随时观察被测埋件的位移量及混凝土楼板有无开裂、损坏情况，观察连接件是否有滑脱现象。

2）应记录收集整理检测数据。最终报告垂直方向实际施加力值、水平方向实际施加力值、垂直方向位移量、水平方向位移量以及被测埋件的破坏情况。

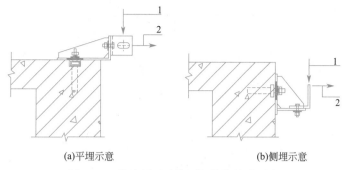

(a)平埋示意　　　　　　　　　　　　(b)侧埋示意

图 2-26　幕墙预埋系统现场拉拔检验示意

1—竖向作用力；2—水平方向作用力

4. 玻璃幕墙物理四性现场检验方法

（1）检验试件及要求应符合下列规定：

1）幕墙及连接部位安装完毕达到正常使用状态。

2）检验试件应选取幕墙组件的拼缝不少于 3 条，单元式幕墙十字拼缝不少于 1 处，并应包含一个完整的单元板块。当玻璃幕墙有开启扇时，检验试件应包含至少一个开启扇。检验试件应选取最不利的部位进行，但不宜选取已出现安全问题的部位。对已经出现问题的既有幕墙，应选取与问题部位结构相同或近似的正常部位。

3）检测环境条件应记录外窗室内外的大气压及温度。当温度、风速、降雨等环境条件影响检测结果时，应排除干扰因素后继续检测，并在报告中注明。

4）现场检测前应对被检幕墙因检测可能造成的整体安全性影响进行评估。

5）检测过程中应采取必要的安全措施。

（2）检测原理及装置应符合下列规定：

1）现场利用密封板、静压箱支撑系统和幕墙试件形成静压箱，通过供风系统从静压箱抽风或向静压箱吹风，在检测对象两侧形成正压差或负压差。静压箱应引出测量孔测量压差，并在管路上安装流量测量装置测量空气渗透量，幕墙外侧布置适量喷嘴进行水密试验，在适当位置安装位移传感器测量杆件变形。将幕墙与结构连接的部位转换到可三维变形的检测装置上（图 2-27）。

2）静压箱宜安装在幕墙工程的室内侧；对于位置较低的检测部位，也可安装在室外侧。

3）静压箱采用组合方式或者现场一次性搭建，静压箱支撑系统的龙骨和密封板应有足够的刚度，与幕墙试件的连接应有足够的强度，与幕墙试件各连接处应密封良好。

4）当所选幕墙试件大于一层时，应保证上下相邻两层楼板处良好通风。当楼板连接处上下层通风不畅时，应采取专门的通风措施。

5）静压箱上宜留有可开启和封闭的出入口，方便人员进出。宜留有观察孔，方便观察水密渗漏情况和抗风压损坏情况。静压箱内部应有框架或杆件用于安装位移计支座，安装位移计支座的框架或杆件在加压过程中不应有变形。

6）层间位移性能检测应选择在层间位置布设三维检测装置，通过转接件将幕墙荷载完全转移至三维检测装置上，待测区域幕墙立柱应与下层立柱连接完全脱离。

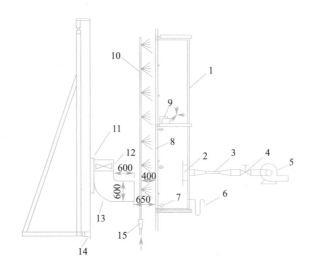

图 2-27 幕墙物理四性现场检测示意

1—静压箱；2—进气口挡板；3—空气流量计；4—压力控制装置；

5—供风设备；6—差压计；7—位移计；8—试件；9—层间位移三维检测装置；

10—淋水装置；11—移动支架；12—轴流风机；13—风管；14—移动机构；15—水流量计

（3）检测过程应符合下列规定：

1）检测顺序宜按照气密、抗风压变形 P1、水密、动态水密、抗风压反复受压 P2、安全检测 P3、层间位移的顺序进行。

2）气密、水密、抗风压性能检测应按现行国家标准《建筑幕墙气密、水密、抗风压性能检测方法》GB/T 15227 的规定执行。

3）气密检测前，应将试件所有部位密封，预先测试新搭建箱体的附加空气渗透量。箱体的附加空气渗透量不应高于试件总渗透量的 20%，或者不高于同等面积同等级别幕墙试件所允许最大总渗透量的 20%，当附加空气渗透量达不到此指标时，应查找漏风部位，并采取密封措施。查找漏风部位时，可采用烟雾弹配合检查。

4）气密检测前，在箱体适当部位安装气密校准板，进行一次气密校准试验，确保设备各部分处于允许的精度范围内。

5）水密检测中对于外表面平整的隐框或者全玻璃等幕墙试件，喷淋可仅在上侧喷水，在幕墙试件外面形成均匀连续水膜。对于外表面不平整的幕墙试件，应对整个面进行喷淋。

6）抗风压检测中安全检测为可选项目。当进行完安全检测后，应重新进行一次气密和水密检测，并根据检测结果对幕墙试件进行必要修复或更换。

7）动态风压作用下水密性能检测应按现行国家标准《建筑幕墙动态风压作用下水密性能检测方法》GB/T 29907 的规定执行，宜采用轴流风机法进行试验。接近地面的部位也可采用螺旋桨风机法进行试验，采用螺旋桨试验时应采取必要的安全措施。

8）层间位移性能检测应按现行国家标准《建筑幕墙层间变形性能分级及检测方法》GB/T 18250 进行。现场完成层间位移试验后，应对幕墙结构和连接部位进行安全评估，达不到使用要求的应进行修复或者更换。

2.6.3 《民用建筑修缮工程施工标准》JGJ/T 112—2019

1. 树根桩、锚杆静压桩

（1）树根桩的施工应符合下列规定：

1）成孔可采用天然泥浆护壁，当遇易塌孔土层时应加套管。

2）钢筋笼宜整根吊放，宜缩短吊放和焊接时间。

3）灌注施工时，应采用间隔施工、间歇施工或添加速凝剂等措施。

（2）锚杆静压桩的施工应符合下列规定：

1）桩孔宜采用机械和人工配合开凿成形，抗压桩桩孔宜为倒喇叭形，抗拔桩桩孔宜为正喇叭形。桩孔周围锚杆孔宜采用机械成孔，并应与压桩架锚杆孔吻合。

2）桩段应平直，端面应平整。采用焊接接头的混凝土桩段，其两端应设置钢板套。

3）压桩架应竖直，与锚杆固定牢靠，在施工过程中应及时调整松动的螺帽。压桩时，千斤顶与桩轴线应重合，不得偏压。

4）压桩时宜一次到位，当需中途停顿时，桩尖应停留在软弱土层中，停歇时间不应超过 24h。当压桩力达到 1.5 倍设计单桩承载力时，在排除桩尖遭遇障碍物或局部硬土层等因素的前提下，经设计、监理单位验收后，方可封桩。

5）压桩过程中，应绘制压桩 P_p-Z 曲线，并应对隐蔽工程进行记录。

6）当压桩过程中遇见下列情况之一时，应与查勘设计单位共同研究处理：

①压桩力剧变；

②桩身发生异常倾斜；

③桩顶或桩身出现严重损坏；

④原基础出现损坏。

7）封桩时，应将桩孔内杂物积水清除，新旧混凝土界面应清理干净，封桩材料宜采用微膨胀早强型混凝土。有预加荷载要求的桩，封桩混凝土应预留试块，当试块强度等级达到查勘设计要求时，方可卸载。

2. 房屋纠偏

（1）房屋纠偏前，应设置变形监测系统。沉降监测点间距宜为 4～6m，纵向每边不应少于 4 点，横向每边不应少于 2 点；建筑角点部位应设置倾斜观测点。对上部结构整体性较差的建筑，应适当增加监测点位及监测频率。

（2）纠偏施工过程中，应确保上部结构的整体性。当发现房屋有异常情况时，应暂停施工，立即采取可靠的技术处理措施。

（3）迫降纠偏时，迫降的沉降速率应根据建筑物的结构类型和刚度确定。沉降速率宜控制在 3～5mm/d，房屋顶端水平位移回倾速率应根据房屋高度及回倾速率确定，纠偏开始及接近迫降量时应选择低值。当迫降接近终止时，应预留一定的沉降量。

（4）当采用掏土纠偏施工时，应符合下列规定：

1）掏土应分次向进深进行，第一次掏挖进深宜为 1.0m，后续进深应根据实测沉降速率确定。

2）掏土孔应分单双两组编号，宜分段、间隔、对称、同步进行掏土。各次掏土的位置、时间、进尺深度和掏土量应根据沉降观测资料确定，各点的沉降量宜相对均匀，各点的沉降差异应在当天的掏土中进行调整。

3）当纠偏量达到查勘设计要求时，应在掏土孔内低压灌注水泥浆回填密实。注浆应分多次进行，待上一次浆液初凝后再进行后续注浆。

3. 砖墙防潮层（带）修缮

（1）掏换修缮防潮层（带），应符合下列规定：

1）掏换防潮层（带）应编制施工方案，在保证原有房屋结构和修缮施工安全的条件下，可采用无支撑掏换防潮层（带）。

2）掏换防潮层（带）应采用分段、间隔或间歇的作业方法。

3）新掏换的防潮层（带）宜设在与室内地面同一标高处，掏换段的作业长度应符合查勘设计要求，掏拆高度宜为3～5皮砖。

4）掏拆施工段洞口应连续作业，随掏拆随清理干净，应浇水湿润。

5）换防潮层（带）时，应分段拉水平线，预制混凝土条板防潮层（带）应坐浆饱满，接口应隔潮；

6）新掏换的防潮层（带）应平直顺线。

（2）化学注射修缮防潮层（带），应符合下列规定：

1）施工前，应调查墙体的砌筑和防潮层（带）的损坏情况，编制施工方案，注射的防水材料应在墙体中能形成连续的防潮层（带），宜采用硅烷或硅氧烷等有机硅材料。

2）当采用液状防水剂时，距地面高度宜为300～500mm，沿墙面宜每隔100～200mm距离钻斜孔，孔径宜为10～30mm，钻孔角度宜为25°～30°，应外高内低，且至少穿透一层水平灰缝。孔的最低点距地面应大于100mm，且不应穿透墙体。当砖墙厚度大于480mm时，应在墙的两侧进行打孔。将液状防水剂注入孔内，应注射2次，间隔时间不宜少于24h。

3）当采用膏状防水剂时，宜设置距地面300～500mm的水平灰缝，宜沿墙面每隔100～200mm距离钻孔，孔径宜为10～12mm，钻孔至对墙面距离宜为20～50mm，不应穿透墙体。将膏状防水剂注入孔内，应注射2次，间隔时间不宜少于24h。

4）应采用施工前后墙体检测含水率变化程度或红外热像法确定防潮层修缮的效果。

4. 砖砌体修缮补强

（1）外包钢筋混凝土或抹钢筋网水泥浆补强砖柱，应符合下列规定：

1）施工前，应拆除砖柱上的管线和装饰层，检查柱根。应剔砌损坏的砖，除净裂缝内的粉尘，并应浇水湿润。

2）外包钢筋混凝土补强，支模前应在柱根处找平，弹放柱的中心线及定位线，模板应垂直顺线支设牢固。

3）外包混凝土宜采用机械振捣，上部与楼板接缝应采用干硬性混凝土填塞严实，也可采用聚合物混凝土、微膨胀混凝土等，强度等级应符合查勘设计要求。

4）抹钢筋网水泥砂浆补强，砂浆强度等级应符合设计要求。抹水泥砂浆应分层作业，每层厚度宜为10～15mm，总厚度应符合查勘设计要求。当前层水泥砂浆初凝后再抹次层。

（2）外包钢筋混凝土或抹钢筋网水泥砂浆补强砖墙，应符合下列规定：

1）施工前，应拆除墙体上的管线和装饰层，剔除损坏的砌体，将裂缝凿成V形槽，墙面耕缝，清理干净，充分浇水湿润。

2）混凝土或水泥砂浆强度等级应符合查勘设计要求。

3）穿墙和过楼板的钢筋孔洞宜采用机钻成孔。穿墙锚固钢筋应与墙固定牢靠。钢筋绑扎应横平竖直，并应与锚固筋绑牢。

4）基层处理、管线和预埋件应经检验合格后，方可支模浇筑混凝土或抹面。管线不得埋在修缮补强层内或施工后再剔凿。混凝土应分段振捣和浇筑。抹水泥砂浆应分层作业，每层厚度宜为 10～15mm。

（3）外包型钢补强砖柱，应符合下列规定：

1）砖柱表面应进行清理打磨平整，应对风化裂缝等进行修整处理，砖柱四个棱角应打磨成圆角。

2）砖柱外包型钢补强宜采用四肢为角钢和钢缀板组合成的钢构架加固方式。

3）钢构架宜在现场根据砖柱的尺寸制作，并应符合查勘设计的要求。

4）钢构架安装前，应在柱根处找平，弹放柱的中心线及定位线；安装时，应采用专用的夹具、钢楔、垫片等箍牢顶紧。每隔一定距离在钢构架和砖柱之间应粘贴小垫片，钢构架内侧和砖柱之间应留有 4～5mm 的缝隙。

5）钢构架安装时，各钢构件之间应采用焊接，焊缝应平直均匀、无虚焊漏焊。

6）钢构架的角钢、缀板和砖柱表面之间，应采用水泥砂浆填塞或采用灌浆料进行压注。

7）钢构架上下端应有可靠的连接和锚固，下端应锚固在基础内，上端应与梁板有效连接。

8）当采用钢构架补强多个楼层砖柱时，应在楼面结构适当部位开洞，角钢应穿过洞口，各层的钢构架应连成整体。

9）钢构架表面宜采用抹钢丝网水泥砂浆作为防护层，或对钢构架进行防锈处理。

（4）外加预应力撑杆补强砖柱，应符合下列规定：

1）砖柱表面应进行清理打磨平整，对风化裂缝等进行修整处理，砖柱四个棱角应打磨成圆角。

2）当砖柱下基础外观质量较差时，应对砖柱根部基础部分进行处理，可局部增设钢筋混凝土围套作为外加预应力撑杆支承平台。

3）预应力撑杆应在现场根据砖柱的尺寸制作，并应符合查勘设计的要求。

4）两侧撑杆应各由两根角钢组成，并采用钢缀板焊接成槽形截面组合肢。

5）两侧撑杆上下端应各焊接一块传力的钢板，撑杆和上下构件接触面应设置承压钢板，并应采用结构胶和化学锚栓固定。

6）两侧撑杆中点处，应将角钢侧立翼板切割出三角形缺口，将两侧撑杆相向弯折，然后在弯折角钢另一完好翼板部位焊接补强钢板，应在适当位置钻孔，两侧应采用长杆螺栓。

7）当两侧撑杆施加应力时，应同时收紧安装在补强钢板两侧的螺杆，直至撑杆达到设计要求。张拉应力结束后，应采用钢缀板焊接两侧撑杆，形成钢构架。撑杆和砖柱间的空隙，应采用水泥砂浆填塞密实，再做防护层或对钢构件进行防锈处理。

（5）钢丝绳网-聚合物改性水泥砂浆面层补强砖砌体，应符合下列规定：

1）修缮补强施工前，应拆除墙体上的管线和装饰层，剔除勾缝砂浆和已松动粉化的砂浆层，必要时应对残缺损坏的砖砌体进行置换。

2）安装网片时，应先将网片一端锚固在砖墙端部，网片另一端用张拉夹持器夹紧，并应安装张拉设备，将网片张拉均匀、绷紧。两个方向张拉完毕，检查网片位置和钢丝绳间距后，用锚栓和绳卡将网片固定在砖墙上，然后卸去张拉设备，控制网片保护层厚度不应小于 10mm。

3）在砖墙表面应均匀涂刷界面剂，界面剂应采用聚合物砂浆配套供应的结构界面胶。

4）聚合物砂浆的强度等级应符合查勘设计要求。

5）应将聚合物砂浆各组分原料按顺序放入砂浆搅拌机内充分搅拌，配好的聚合物砂浆应在 30min 用完。

6）聚合物砂浆施工可采用机械喷射法或人工抹压法，喷射法应分 3~4 道完成，人工抹压法宜分成 3 层擀压密实。

5. 钢结构连接件修缮施工技术要求

（1）焊接连接的补强，不宜采用长度垂直于受力方向的横向焊缝。

（2）当采用增加非横向焊缝长度的方法补强焊缝连接时，焊缝施焊采用的焊条直径不应大于 4mm，每焊道的焊脚尺寸不应大于 4mm；对长度小于 200mm 的焊缝增加长度时，首焊道应从原焊缝端点以外至少 20mm 处开始补焊。

（3）焊接连接补强时，新增焊缝应布置在远离原构件变截面、缺口及加劲肋等应力集中较小的部位；新增焊缝应受力均匀，不宜交叉。

（4）螺栓连接补强时，应清理螺栓孔周边杂质，并应按现行国家标准《钢结构工程施工规范》GB 50755 的要求进行施工。

（5）更换铆钉修缮时，应先更换损坏严重的铆钉，更换过程中不应损伤结构件。当铆钉孔出现错孔、变形等情况时，应采取扩孔等方式消除缺陷，宜采用高强螺栓进行补强。

（6）负荷状态下更换铆钉时，应分批进行，每批更换数量不宜大于全部铆钉数量的 10%；更换螺栓时应逐个进行。

（7）当采用摩擦型高强度螺栓部分更换受损铆钉时，宜将对称部位的铆钉一并更换。

6. 围护结构保温与涂膜防水的修缮施工方法

（1）当对外墙外保温系统进行修缮时，应符合现行行业标准《建筑外墙外保温系统修缮标准》JGJ 376 的规定。

（2）外墙内保温系统的修缮宜结合室内装饰装修同步进行，且宜符合现行行业标准《外墙内保温工程技术规程》JGJ/T 261 的规定。

（3）当外墙增设外保温系统时，应符合现行行业标准《既有居住建筑节能改造技术规程》JGJ/T 129 和《公共建筑节能改造技术规范》JGJ 176 的规定。

（4）当出现下列情况之一时，可采用在涂料或面砖饰面覆盖柔韧加固层的方法，增强饰面层的柔韧性与整体性，同时应采用局部注浆，填充与粘结空鼓部位，再通过锚固使保温系统与基层牢固连接：

1）外墙保温系统出现空鼓，且与基层墙体分离在 15mm 以内的墙面。

2）外墙保温系统暂未出现空鼓，但经检测评估，系统拉伸粘结强度不能满足要求的墙面。

（5）涂膜防水屋面修缮施工应符合下列规定：

1）泛水部位修缮时，应先清除泛水部位的涂膜防水层，将基层清理干净、干燥后，再增设涂膜防水附加层，然后涂布防水涂料，涂膜防水层有效泛水高度不应小于 250mm。

2）天沟水落口修缮时，应先清理防水层及基层，再做水落口的密封防水处理及增强附加层，其直径应比水落口大 200mm，然后在面层涂布防水涂料。

3）涂膜防水层起鼓、老化、腐烂等修缮时，应先铲除已破损的防水层并修整或重做找平层，找平层应抹光压平，再涂刷基层处理剂，然后涂布涂膜防水层，新旧防水层搭接宽度不应小于 100mm，外露边缘应用涂料多遍涂刷封严。

4）涂膜防水层裂缝修缮时，应先将裂缝剔凿扩宽并清理干净后嵌填柔性密封材料，待干燥后再沿缝干铺或单边点粘宽度 200～300mm 的卷材条做隔离层，然后在上面涂布涂膜防水层，涂料涂刷应均匀，新旧防水层搭接应严密，搭接宽度不应小于 100mm。

5）涂膜防水层整体翻修时，应先将原防水层全部铲除后修整或重做找平层，水泥砂浆找平层应顺坡抹平压光，再在面层涂布涂膜防水层，且应符合现行国家标准《屋面工程技术规范》GB 50345 的规定。

第3章　绿色建造技术

第1节　施工过程水回收利用

施工过程中，现场非传统水源的水收集与综合利用技术主要包括基坑施工降水回收利用技术、雨水回收利用技术、现场生产和生活废水回收利用技术。经过处理达到要求的水体可用于绿化、冲洗厕所、结构养护以及混凝土试块养护用水等。

3.1.1　绿色建筑施工之节水措施

严格按照施工现场临时用水方案，建立健全用水管理制度，增强全体施工人员的节约用水意识和环境保护意识。

1. 传统水源利用

（1）施工现场喷洒路面、绿化浇灌不宜使用市政自来水，可抽取施工场地周边河里的水。现场搅拌用水、养护用水应采取有效的节水措施，严禁无措施浇水养护混凝土。

（2）施工现场供水管网应根据用水量设计布置，管径合理、管路简捷，采取有效措施减少管网和用水器具的漏损。

（3）现场机具、设备、车辆冲洗用水必须设立循环用水装置。

（4）施工现场办公区、生活区的生活用水采用节水系统和节水器具，提高节水器具配置比率。项目临时用水应使用节水型产品，安装计量装置，采取针对性的节水措施。

（5）施工现场分别对生活用水与工程用水确定用水定额指标，并分别计量管理。

在签订工程分包合同时，将节水定额指标纳入合同条款，进行计量考核。

2. 非传统水源利用

（1）施工现场建立雨水、中水或可再利用水的搜集利用系统。

（2）施工现场建立可再利用水的收集处理系统，使水资源得到梯级循环利用，具体而言，现场可采用地下室基坑周边的环形排水沟将现场搅拌用水、雨水等进行收集到指定沉淀池中，集中处理。

1）优先采用中水搅拌、中水养护，有条件的施工区域应收集雨水养护；

2）处于基坑降水阶段的工地，宜优先采用地下水作为混凝土搅拌用水、养护用水、冲洗用水和部分生活用水；

3）现场机具、设备、车辆冲洗、喷洒路面、绿化浇灌等用水，优先采用非传统水源，尽量不使用市政自来水。

3. 排污措施

（1）严格按照方案要求完善现场供、排水设施，所有排水沟道均用砖砌并用水泥砂浆抹面，施工现场的排污沟等均应沉淀、过滤处理后才能排入排污管线。如现场条件不允许排入污水管，可先排入现在砌筑的化粪池，经处理后用污水车抽走。

（2）施工现场临建阶段，统一规划排水管线，生活污水与施工排水管道分别布置，以便能循环再次利用。

（3）运输车辆清洗处设置沉淀池，排放的废水要排入沉淀池内，经二次沉淀后，方可排入城市市政污水管线或用于洒水降尘。

（4）施工现场生活污水通过现场埋设的排水管道，向市政污水井排放。平时加强管理，防止污染。

（5）对现场道路进行全面修整，现场排水系统应保证通畅，以设置有坡度的明沟为主，并用钢筋制作的盖板盖在明沟上。施工排出的污水及生活污水不能直接排入市污水管道，应在现场设沉淀池，沉淀、过滤后，再排入排污管道。

（6）在工程开工前完成工地排水和废水处理设施的建设，并保证工地排水和废水处理措施在整个施工过程中的有效性，做到现场无积水、排水不外溢、不堵塞、水质达标。

（7）在季节环保措施中要有雨期施工时的有效排水措施。根据施工实际，考虑项目施工地区降雨特征，制定雨期、特别是暴雨期排水措施，避免废水无组织排放、外溢、堵塞城市下水道等污染事故发生的排水应急响应方案，并在需要时实施。

3.1.2 基坑降排水回收

基坑施工降水回收利用技术，一般包含两种技术：一是利用自渗效果将上层滞水引渗至下层潜水层或土体中，可使部分水资源重新回灌至地下或基底以下的回收利用技术，同时满足了基坑土体开挖的要求；二是将降水期间所抽取的水体集中存放，施工时再加以综合利用。

施工现场非传统水资源收集工艺流程，如图 3-1 所示。

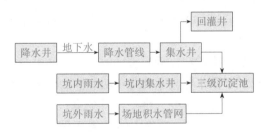

图 3-1　基坑施工阶段水的收集工艺图

（1）利用自渗效果将上层滞水引渗至下层潜水层或土体中，有回灌量、集中存放量和使用量记录。

（2）施工现场用水至少应有 20% 来源于雨水和生产废水回收利用等。

（3）基坑降水回收利用率为

$$R = K_6 \frac{Q_1 + q_1 + q_2 + q_3}{Q_0} \times 100\%　　　　(3-1)$$

式中　Q_0——基坑涌水量（m^3/d），按照最不利条件下的计算最大流量；

　　　Q_1——回灌至地下的水量（根据地质情况及试验确定）；

　　　q_1——现场生活用水量（m^3/d）；

　　　q_2——现场控制扬尘用水量（m^3/d）；

　　　q_3——施工砌筑抹灰等用水量（m^3/d）；

　　　K_6——损失系数，取 0.85～0.95。

3.1.3 雨水回收

雨水回收利用技术是指在施工现场中将雨水收集后，经过雨水渗蓄、沉淀等处理，集中存放后再利用。

基础施工阶段雨水收集，与基坑降水统一考虑，在图3-1中已有所体现。

地上结构及其他分部工程施工阶段，雨水的收集工艺如图3-2所示。

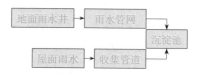

图 3-2　雨水收集工艺图

（1）施工现场平面布置中，分区做好雨水的收集，道路两侧应分别设置雨水井。

（2）构配件加工区和材料堆放区，主要利用集水井收集雨水。

（3）生活区和办公区，除了硬化地面雨水收集外，重点应集中在屋面雨水的收集。活动板房顶部应加设导流槽及过滤网，经雨水管直排进雨水井。

（4）各区的雨水井通过埋设在地下的管道排至三级沉淀水池。

（5）施工区雨水收集与其他各区相同，但还需建立施工过程用水的收集系统。

3.1.4 回收水的利用

经过处理达到要求的水体可用于绿化浇灌、楼层冲洗、道路冲洗、车辆冲洗、冲洗厕所、结构养护以及混凝土试块养护用水等。

收集到的水再利用之前应进行水质检验，并相应建立蓄水系统作为新的供水管网。雨水再利用系统如图3-3所示。

（1）沉淀池、蓄水系统应设置在靠近施工场地一侧，并进行细石混凝土抹面。沉淀池应经常派人进行清掏，以利于雨水收集系统各项功能性构件的正常运转。

（2）提升水泵、加压水泵等应有专人维护，避免电机损坏、漏电伤人等事故的发生。蓄水池的水位线也应进行有效控制，避免水体外溢而浪费水资源或取水过量损坏加压水泵。

（3）遇到大雨时，可以将多余的雨水沉淀后直接外排到市政雨水管网。

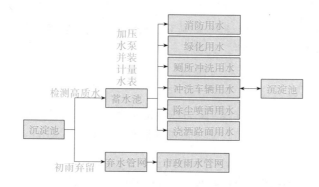

图 3-3　雨水再利用工艺图

雨水回收再利用，不但有效避免地面积水，减缓汛期市政排水管网的压力，还能提高水资源收集的质量及数量，从而提高水资源的重复利用价值。

项目推广应用实践表明，通过雨水收集再利用与常规的完全利用市政自来水相比，非市政自来水利用量占总用水量可以提高到 35%。

3.1.5 工程实践应用实例

1. 背景材料

某改造项目建设地点位于太原市迎泽区，劲松路以东、××小区用地以北、某研究所用地以西、桃南西巷以南。包括新建住宅楼四栋及地下二层停车场，总建筑面积 19.76 万 m^2。

2. 背景分析

本工程建设场地临近汾河，地下水位高（水位标高为 781.52～782.41m），自然地坪标高为 784.05m，基坑较深（8.15m），基坑降水量大。非传统水源利用主要包括基坑降水以及雨水回收。

3. 技术应用

（1）施工现场水资源收集、利用工艺流程

建立非传统水循环利用系统，收集基坑降水、雨水循环再利用，用于工程中的非传统用水均应进行水质检测。结合原有管网状况，根据工程特点分阶段设计水循环利用系统。

基础、±0.000 以下结构施工，采用降水管线利用现场原有管网收集，接近楼座设置三级沉淀水箱，按照不同使用功能分支使用，如图 3-4 所示。

±0.000 以上结构及装修阶段利用 4 号楼南侧新建消防水池和接近楼座的三级沉淀蓄水箱存储并进行循环利用。雨水收集依托原有管网，结合场地布置新建管网有效结合形成集水系统，并入阶段水循环利用系统，如图 3-5 所示。

（2）技术要点

1）水循环系统的建立

综合项目场地布置规划地下管线，应有效利用原有管网，合理布置新建管网，尽可能依托项目室外工程外网管线的设计，优化场地布置。

收集系统尽可能地综合考虑不同施工阶段的需求，减少设备投入，提高利用率。

2）管网及沉淀池的设置

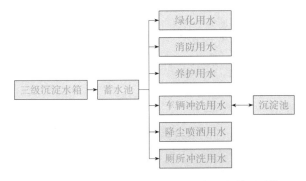

图 3-4 基础、±0.000 以下施工阶段水利用系统

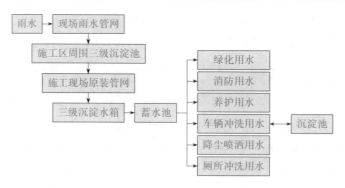

图 3-5　±0.000 以上主体、装修阶段水利用系统

管网的设置需满足工程需要，坡向应合理，形成环形管网且有分流措施，便于水量不足时或过剩时能够集中分流管控。管径的选择应满足工程要求，沉淀池配置需要根据施工段及工程量用水进行布置，减少抽水扬程，最大化地发挥水泵功效。

3）计量器具的设置

每个分支出水口均需配置标定合格的计量用水表，且水表读数每日记录，确保数字的准确性、真实性。

4）水量的计算

计算全部降水井满开时的总水量，计算保证设计水位时回灌井全部用水量。根据现场实际观测水位做好统计，保证满足设计地下水位要求的同时能够最大量地使地下水用于工程中。

5）水质监测

用于工程的地下水、雨水均需进行水质检测，使工程用水的相关技术指标达到要求。排放的水质也要进行 pH 值监测，确保不造成市政管道和水质的污染。

（3）计算验算与监测

1）基坑涌水量计算

上部为细砂时，按式(3-2)计算：

$$Q = 1.366K'(2H_0 - S)S/(\lg R' - \lg r_0) \tag{3-2}$$

式中　R'——群井的影响半径，$R' = R + r_0$；

　　　r_0——假想计算半径，$r_0 = \sqrt{F/\pi}$；

　　　F——井点系统包围的基坑面积；

　　　R——降水影响半径，$R = 2S\sqrt{K'H_0}$；

　　　K'——渗透系数；

　　　H_0——有效深度，按表 3-1 取用。

降水有效深度表　　　　　　　　　　　　　　　　表 3-1

$S/(S+L)$	0.2	0.3	0.5	0.8
H_0	1.3(S+L)	1.5(S+L)	1.7(S+L)	1.8(S+L)

注：S——降水深度（原始地下水位到滤头上部之高度）；

　　L——滤头长度。

关于降水有效深度，根据地下水动力学，在不完整井中抽水时，其影响不涉及蓄水层全部深度，而只影响其中一部分，此部分称为有效深度，在此有效深度以下，抽水时处于不受扰动状态。

H_0 计算：

$S=6.15+1.0=7.15m，L=15m$

则 $S/(S+L)=0.33$

查表 3-1，用插入法的 $H_0=1.53（S+L）=1.53×22.15=33.89m$

$r_0=\sqrt{F/\pi}=85.04m$

$R=2S\sqrt{K'H_0}$

渗透系数据勘察报告得 $3\sim5m/d$，初始地下水位标高 $781.52\sim782.41m$，自然地坪 $784.05m$，初始地下水位按自然地面下 2.1m 计算。

$R=2×7.15\sqrt{5×33.89}=186.15mR'=R+r_0=186.15+85.04=271.19m$

则基坑涌水量为：

$Q=1.366×5×\{（2×33.89-7.15）×7.15/lg271.19-lg85.04\}=5874\ m^3/d$

2）施工期间各沉淀箱用水量统计见表 3-2。

沉淀箱用水量统计表

表 3-2

月份 ＼ 计水量（m³）	1 号沉淀箱 SBj1	2 号沉淀箱 SBj2	3 号沉淀箱 SBj3	4 号沉淀箱 SBj4	5 号沉淀箱 SBj5	小计
2013.6	400	296	150	132	0	978
2013.7	301	185	852	621	111	2070
2013.8	781	603	888	1350	480	4102
2013.9	666	910	950	780	960	4266
2013.10	560	880	651	827	1010	3928
2013.11	640	800	740	682	833	3695
2013.12	18	420	235	377	121	1171
2014.1	0	0	0	0	108	108
2014.2	88	100	46	0	387	621
2014.3	200	222	189	340	280	1231
2014.4	890	780	1089	986	997	4742
2014.5	802	374	678	864	900	3618
2014.6	674	537	321	588	569	2689
2014.7	210	380	390	470	208	1658
2014.8	40	367	200	189	564	1360
2014.9	161	438	400	400	235	1634
2014.10	228	374	580	210	102	1494
2014.11	0	0	215	18	336	569
2014.12	0	28	0	0	376	404
合计	6659	7694	8574	8834	8577	40338

（4）水资源利用

非传统水源利用主要以降低基坑水位抽取的地下水为主，雨水为辅。

1）地下水收集与利用

①上层滞水通过土体孔隙渗透至原状管网检查井，沉淀后水泵抽至使用区域三级沉淀蓄水箱或消防水池分区使用。

②多余的水体排至回灌井。

③现场降尘、绿化、机械冲洗等用水。

2）雨水收集与利用（雨水量少）

①器皿集中收集。

②原状管网检查井收集后沉淀，而后抽取分区使用。

3）循环水利用

①混凝土浇筑后冲洗泵车等废水收集沉淀后再利用。

②大门洗车池循环水再利用。

③其他循环水，如冲厕用水等。

（5）实施效果

经过合理规划水系统，该旧城改造项目生产、办公、生活区非传统水源利用量为24240m^3，项目总用水量为79715m^3；非传统水源用水占总用水量的比例为30.4%。

第2节　垃圾减量化与资源化利用

建筑垃圾是指在新建、扩建、改建和拆除加固各类建筑物、构筑物、管网以及装饰装修等过程中产生的施工废弃物。

建筑垃圾减量化是指在施工过程中采用绿色施工新技术、精细化施工和标准化施工等措施，减少建筑垃圾排放；建筑垃圾资源化利用是指建筑垃圾就近处置、回收直接利用或加工处理后再利用。建筑垃圾减量化与建筑垃圾资源化利用主要措施为：实施建筑垃圾分类收集、分类堆放；碎石类、粉状类的建筑垃圾进行级配后用作基坑肥槽、路基的回填材料；采用移动式快速加工机械，将废旧砖瓦、废旧混凝土就地分拣、粉碎、分级，变为可再生骨料，也可就地再加工用于非正式工程中。

3.2.1　现场垃圾减量与资源化利用技术

可回收的建筑垃圾主要有散落的砂浆和混凝土、剔凿产生的砖石和混凝土碎块、打桩截下的钢筋混凝土桩头、砌块碎块、废旧木材、钢筋余料、塑料包装等。

现场垃圾减量与资源化的主要技术有：

（1）对钢筋采用优化下料技术，提高钢筋利用率；对钢筋余料采用再利用技术，如将钢筋余料用于加工马凳筋、预埋件或安全围栏等。

（2）对模板的使用应进行优化拼接，减少裁剪量；对木模板应通过合理的设计和加工制作提高重复使用率；对短木方采用直接接长技术，提高木方利用率。

（3）对混凝土浇筑施工中的混凝土余料做好回收利用，可用于制作小过梁、混凝土砖或地坪块等。

（4）在二次结构的加气混凝土砌块隔墙施工中，做好加气砌块的排序设计，在加工车间进行机械切割，减少工地加气混凝土砌块的废料。

（5）废塑料、废木材、钢筋头与废混凝土的机械分拣技术；利用废旧砖瓦、废旧混凝土为原料的再生骨料就地加工与分级技术。

（6）现场直接利用再生骨料和微细粉料作为骨料和填充料，生产混凝土砌块、混凝土砖、透水砖等制品的技术。

（7）利用再生细骨料制备砂浆及其使用的综合技术。

3.2.2 工程案例

1. 背景材料

某新建住宅楼四栋及物业附属用房，地下二层，地上三十层，总建筑面积 19.76 万 m^2，工期 547 日历天。

2. 背景分析

本工程体量大，工期紧，材料需用量较多，且需要同时组织施工，如何合理组织材料，减少过程损耗，提高材料使用率、周转率、再利用率是项目管理的重点之一。

3. 技术应用

（1）工艺流程

编制材料资源利用策划方案→制定建筑垃圾减量化计划→措施交底，落实责任→过程检查、调整方案→效果总结。

（2）技术要点

1）建立完善材料进出综合台账，数据真实准确；

2）就地取材，施工现场 500km 以内生产的建筑材料用量占建筑材料总用量的 90% 以上。

3）结合当地市场情况和企业管理能力，对方案进行优化，使周转性材料的使用达到最佳状态。

4）确定目标值。根据投标工程数据库，分析工程特点，制定工程节材及材料资源利用的目标值，并落实责任。

制定建筑垃圾减量化计划，并落实具体措施和责任人，扩大垃圾处置和消纳途径，该工程建筑垃圾计划减量 50%。

（3）计算验算与监测

1）建筑垃圾产生量，一般根据不同类型工程和结构特点等并结合企业量化控制目标数据库，确定项目目标值。垃圾产生量不大于 6000t，即 6000t/19.76 万 m^2＝30.3kg/m^2。

2）根据施工图纸计算混凝土、加气混凝土砌块、钢筋等工程量，确定损耗量。工程主要材料损耗量统计见表 3-3。

工程主要材料损耗量统计   表 3-3

序号	材料名称	预算量(含定额损耗量)	定额允许损耗率及量	目标损耗率及量	目标减少损耗量
1	钢材	12064.809t	2%,241.296t	1.5%,180.053t	61.243t
2	商品混凝土	88888.826m³	2%,1777.78m³	1.5%,1326.56m³	451.22m³
3	加气混凝土砌块	9620.29m³	1.5%,144.3m³	1%,95.7m³	48.6m³
4	围挡等周转材料	重复使用率大于 90%			
5	500km 以内	占建筑材料总重量的 90% 以上			

3）建立材料供应商台账，过程中准确记录取材地点及使用情况，每月对控制指标进行分析对比；及时记录建筑垃圾的再利用情况，分别见表 3-4、表 3-5。

项目建筑材料供应商台账

表 3-4

材料名称	规格	生产厂家	供应商	取材地点	到工地距离（km）	备注
钢材	$\phi6.5$、$\phi8$、$\phi10$、$\phi12$、$\phi14$、$\phi16$、$\phi18$、$\phi20$、$\phi22$、$\phi25$	海鑫长钢首钢	北京中铁物总国际招标公司	太原市	9.8	
			北京中铁建工物资有限公司	太原市	9.1	
			太原市双瑞源物资有限公司	太原市	9.1	
	$\phi8$、$\phi10$	中阳	山西诚通铁运物流有限公司	汾阳市	113.8	
混凝土	C30、C35	智海	太原智海混凝土有限公司	太原市	6.4	
		栋山	太原栋山新型建材有限公司	太原市	9.8	
石子	—	阳曲	阳曲县三羊建材经销部	阳曲县	34.4	
水泥	PS325	—	晋中市榆次佳和建材经销部	榆次区	25.8	
		—	晋中市榆次和秦建材经销部	榆次区	22.0	
		—	晋中市榆次佳凡建材经销部	榆次区	26.7	
		—	晋中市榆次秦达建材经销部	榆次区	28.3	
豆罗砂	—	—	清徐县董家营金东建材经销部	清徐县	41.8	
		—	阳曲县三羊建材经销部	阳曲县	32.5	
		—	忻州市忻府区培林建材经销部	忻州市	53.4	
加气块	600×240×200	—	太原市鹏飞加气混凝土厂	太原市	14.4	

注：运距基本上控制在设定的目标距离之内。

项目建筑垃圾回收利用统计台账

表 3-5

工程名称			工程项目				
序号	建筑垃圾种类	产生垃圾量（t）	回收利用量（t）	消纳方案	废弃物排放量（t）	日期	备注
1	模板	1.0	0.5	钉垃圾箱	0.5	2013.06.05	
2	方木	1.0	0.8	阳角防护	0.2	2013.06.18	
3	模板	1.5	0.7	安全通道	0.8	2013.06.27	
4	模板	0.5	0.3	踢脚板	0.2	2013.07.03	
5	模板	1.4	1.2	安全通道	0.2	2013.07.17	
6	模板	1.0	0.9	重新回收	0.1	2013.07.23	
7	模板	1.0	0.8	钉垃圾箱	0.2	2013.08.04	
8	方木	0.9	0.9	阳角防护	0.0	2013.08.19	
9	方木	1.1	1.1	重新回收	0.0	2013.08.27	
10	模板	0.5	0.5	踢脚板	0.0	2013.09.06	

填表人：

注：建筑垃圾回收利用率应达到30%。

4. 实施效果

（1）材料资源利用效果分析对比见表 3-6、表 3-7。

材料资源利用效果分析对比表　　表 3-6

序号	材料名称	预算量	预算损耗	目标损耗率	实际量	实际损耗	减少损耗量
1	商品混凝土	88888.826m³	1777.78 m³,2%	1.5%	87757.33m	646.28m³,0.74%	132.496t
2	加气混凝土砌块	9620.29 m³	144.3m³,1.5%	1.0%	9560m³	84m³,0.88%	60.3 m³
3	钢材	12064.809t	241.296t,2%	1.5%	11932.313t	108.8t	132.496t

材料资源利用效果分析对比表（定性）　　表 3-7

序号	主材名称	预算损耗量	实际损耗量	实际损耗量/总建筑面积比值
1	钢材	241.296t（预算量 12064.809t）	108.8t（实际用量 11932.313t）	0.0005
2	商品混凝土	1777.78 m³（预算量：88888.826 m³）	646.28m³（实际用量：87757.33m³）	0.003
3	加气混凝土砌块	144.3m³（预算量 9620.29 m³）	84m³（实际用量 9560m³）	0.0004
4	模板	平均周转次数 7 次	平均周转次数 8 次	
5	地砖	预算量：8100m²	实际用量：8095m²	
6	墙砖	预算量：15422m²	实际用量：15418 m²	
7	围挡等周转材料	重复使用率大于 90%	重复使用率 100%	
8	就地取材≤500km 以内的占总量的 95%			

（2）建筑垃圾减量化对比分析，在实施减量化对比时，单位均统一为吨（t），见表 3-8。

建筑垃圾减量化对比分析表　　表 3-8

建筑垃圾种类	产生原因及部位	实际产生数量	消纳方案	实际消纳数量
混凝土碎料	混凝土浇筑、爆模、凿桩头等	4236.2t	作为后续底板垫层和临时道路路基及预制混凝土块等	1368.2t
			外运其他工地再利用	868t
			环保单位清运	2000t
砌块	砌块切割和搬运过程中产生	52t	本工地利用	40t
			清理外运	12t
废旧模板、方木	翘曲、变形、开裂、受潮	70.5m³（26.1t）	成品保护使用部分旧模板	50m³（18.5t）
			短方木接长处理	20.5m³（7.6t）
			清理出场回加工厂	
废旧钢筋	施工过程中产生的钢筋断头以及废旧钢筋	162t	1. 废旧钢筋用作马镫支架的制作、钢筋拉钩、构造柱、过梁、填充墙植筋；2.（临时）排水沟盖板等钢筋使用	21t（措施筋）；18t（二次结构）；4t（灭火器箱、试块笼等）；排水沟盖板等临时使用 11t；108t 出售
包装箱（袋）、纸盒	施工材料包装	30t	厂家回收再利用	15t
			成品保护利用	9t
			送废品回收站	6t

续表

建筑垃圾种类	产生原因及部位	实际产生数量	消纳方案	实际消纳数量
装修产生垃圾	边角料、废料、拆卸物等	20t	块材组合铺路	5t
			外运其他工地	4t
			清理外运	11t
合计		4526.3t		2385.7t

对不同建筑垃圾进行分类，并提出减量化的控制措施，实施过程中，项目共产生建筑垃圾 4526.3t，回收再利用 2385.7t，再利用率为 52.7%，超过了原计划 50% 的再利用目标。

第 3 节　扬尘治理

3.3.1　扬尘治理的行政措施

1. 依法开展扬尘治理

（1）《中华人民共和国环境保护法》；

（2）《中华人民共和国大气污染防治法》；

（3）《中共中央国务院关于全面加强生态环境保护坚决打好污染防治攻坚战的意见》；

（4）《国务院关于印发打赢蓝天保卫战三年行动计划的通知》（国发〔2018〕22 号）；

（5）《住房和城乡建设部办公厅关于进一步加强施工工地和道路扬尘管控工作的通知》；

（6）工程所在地省有关"扬尘防治"的工作方案；

（7）《建筑施工安全检查标准》《建设工程施工现场环境与卫生标准》等国家及行业标准。

2. 扬尘管控工作重要性

加强生态环境保护、坚决打好污染防治攻坚战、打赢蓝天保卫战是党和国家的重大决策部署，事关满足人民日益增长的美好生活需要，事关全面建成小康社会，事关经济高质量发展和美丽中国建设。

3. 施工工地扬尘管控责任

建设单位应将防治扬尘污染的费用列入工程造价，并在施工承包合同中明确施工单位扬尘污染防治责任。暂时不能开工的施工工地，建设单位应当对裸露地面进行覆盖；超过三个月的，应当进行绿化、铺装或者遮盖。

施工单位应制定具体的施工扬尘污染防治实施方案，在施工工地公示扬尘污染防治措施、负责人、扬尘监督管理主管部门等信息。施工单位应当采取有效防尘降尘措施，减少施工作业过程扬尘污染，并做好扬尘污染防治工作。

根据当地人民政府确定的职责，地方各级住房和城乡建设主管部门及有关部门要严格施工扬尘监管，加强对施工工地的监督检查，发现建设单位和施工单位的违法违规行为，依照规定责令改正并处以罚款；拒不改正的，责令停工整治。根据当地人民政府重污染天气应急预案的要求，采取停止工地土石方作业和建筑物拆除施工的应急措施。

4. 施工工地防尘降尘措施

（1）对施工现场实行封闭管理。城市范围内主要路段的施工工地应设置高度不小于2.5m 的封闭围挡，一般路段的施工工地应设置高度不小于 1.8m 的封闭围挡。施工工地的封闭围挡应坚固、稳定、整洁、美观。

（2）加强物料管理。施工现场的建筑材料、构件、料具应按总平面布局进行码放。在规定区域内的施工现场应使用预拌混凝土及预拌砂浆；采用现场搅拌混凝土或砂浆的场所应采取封闭、降尘、降噪措施；水泥和其他易飞扬的细颗粒建筑材料应密闭存放或采取覆盖等措施。

（3）注重降尘作业。施工现场土方作业应采取防止扬尘措施，主要道路应定期清扫、洒水。拆除建筑物或构筑物时，应采用隔离、洒水等降噪、降尘措施，并应及时清理废弃物。施工进行铣刨、切割等作业时，应采取有效防扬尘措施；灰土和无机料应采用预拌进场，碾压过程中应洒水降尘。

（4）硬化路面和清洗车辆。施工现场的主要道路及材料加工区地面应进行硬化处理，道路应畅通，路面应平整、坚实。裸露的场地和堆放的土方应采取覆盖、固化或绿化等措施。施工现场出入口应设置车辆冲洗设施，并对驶出车辆进行清洗。

（5）清运建筑垃圾。土方和建筑垃圾的运输应采用封闭式运输车辆或采取覆盖措施。建筑物内施工垃圾的清运，应采用器具或管道运输，严禁随意抛掷。施工现场严禁焚烧各类废弃物。

5. 城市道路扬尘管控措施

（1）推行机械化作业。推行城市道路清扫保洁机械化作业方式，推动道路机械化清扫率稳步提高。到 2020 年底前，地级及以上城市建成区道路机械化清扫率达到70% 以上，县城达到 60% 以上，京津冀及周边地区、长三角地区、汾渭平原等重点区域要显著提高。

（2）优化清扫保洁工艺。合理配备人机作业比例，规范清扫保洁作业程序，综合使用冲、刷、吸、扫等手段，提高城市道路保洁质量和效率，有效控制道路扬尘污染。

（3）加快环卫车辆更新。推进城市建成区新增和更新的环卫车辆使用新能源或清洁能源汽车，重点区域使用比例达到 80%。有条件的地区可以使用新型除尘环卫车辆。

（4）加强日常作业管理。定期对道路清扫保洁作业人员进行具体作业及安全意识培训。加强对城市道路清扫保洁的监督管理，综合使用信息化等手段，保障城市道路清扫保洁质量。

3.3.2　工程实例

1. 背景材料

工程概况：本工程设计共计 36 栋楼，其中 15 栋 4 层没有地下室的联体别墅，建筑高度为 12.7m；11 栋 4 层有地下室的联体别墅，建筑高度为 12.7m；7 栋 13 层的框架-剪力墙结构小高层，建筑高度为 38m；3 栋一层商业，建筑高度为 3.6m。其余事项因设计图纸未完善，暂未标明。

场地特点：场区内道路硬化完善，交通较为便利，四周均为城市道路，对做好防尘工作要求较高。

2. 扬尘管理目标

（1）施工扬尘污染控制达标。

（2）无市民重大投诉。

（3）无因施工扬尘控制不善造成的上级处罚和通报批评。

（4）上级部门检查验收达标。

（5）创建施工扬尘污染控制示范工地。

（6）严格按照焦作市相关文件目标实施。

（7）严格落实 7 个 100%，即施工现场围挡率达到 100%；施工现场地面硬化达到 100%；施工现场出入口车辆冲洗达到 100%；施工现场湿法作业率达到 100%；运输车辆密闭率达到 100%；监控安装联网达到 100%；施工现场物料堆放覆盖率达到 100%。

从文明施工、扬尘治理着手，采取多项举措力促文明施工。

3. 扬尘控制分析

（1）控制要点：

1）工地围墙及大门封闭控制；

2）现场硬地坪施工；

3）现场材料进出扬尘控制；

4）混凝土使用控制；

5）土方施工扬尘控制；

6）砂浆的使用；

7）建筑垃圾处理；

8）生活垃圾处理；

9）工地脚手架施工现场扬尘控制；

10）结构楼层施工扬尘控制；

11）木工房管理；

12）装饰施工阶段扬尘控制。

（2）扬尘控制清单，见表 3-9。

扬尘控制清单　　　　　　　　　　　　　　　　　　　　表 3-9

序号	作业活动	重大环境因素	可能导致环境影响	控制措施
1	建筑及生活垃圾的排放	土壤污染	影响市容环境 造成土壤变质	公司废弃物管理规定
2	泥浆及生活污水排放	废水排放	堵塞城市管道 影响居民生活	二级沉淀，三级排放
3	道路楼层清扫	扬尘污染	影响市容环境 影响职工健康	制订施工扬尘专项控制方案
4	脚手架清理	扬尘污染	影响市容环境 影响职工健康	制订施工扬尘专项控制方案
5	木工作业	扬尘污染	影响市容环境 影响职工健康	制订施工扬尘专项控制方案

序号	作业活动	重大环境因素	可能导致环境影响	控制措施
6	垃圾、材料运输	扬尘污染	影响市容环境	制订施工扬尘专项控制方案
7	露天材料堆放	扬尘污染	影响市容环境 影响职工健康	制订施工扬尘专项控制方案
8	土方外运	扬尘污染	影响市容环境	制订施工扬尘专项控制方案

4. 组织机构与责任考核

（1）项目部扬尘控制领导小组，负责施工现场扬尘污染控制的策划、组织、落实，并从财力、物力、人力上实施战略布署。

（2）直线制组织机构建立：

组　长：项目经理；

副组长：执行经理、生产经理、总工；

组　员：安质室、技术主管、物资室、综合办公室、会计。

（3）岗位职责：

组　长：负责全面管理，与有关部门进行协调，定期组织检查。

副组长：具体负责做好扬尘治理的落实、安排、指挥等各项管理工作。负责日常检查、定期检查的组织，全员扬尘治理工作的教育，配合做好现场宣传工作。具体负责现场扬尘治理各项工作的协调。负责项目扬尘治理工作的宣传、培训工作。

组员之安质室：具体负责扬尘治理的日常监督检查工作，检查通报的起草，扬尘预防治理培训宣讲。

组员之技术主管：负责对现场扬尘治理情况进行监督，扬尘治理措施的制定，扬尘预防治理培训参加人员的组织。

组员之物资室：负责项目扬尘污染防治物资准备，确保现场材料存放规范，租赁周转材料及时退租。

组员之综合办公室：负责扬尘治理的相关资料的收集、整理，扬尘治理的宣传，培训工作会场安排，资料收集整理。

组员之会计：负责扬尘污染防治费及时到位，专款专用，列账清晰，便于检查。

（4）责任制考核。

1）项目经理是施工扬尘污染控制的责任人，须对施工现场的扬尘污染控制负全面责任；

2）各级管理岗位人员须将施工扬尘控制列入施工全过程管理的范畴，对照自己的职责，加强管理；

3）班组长是施工扬尘污染控制的第一责任人，须对施工现场的扬尘污染控制负全面责任；

4）项目部与各施工班组操作人员落实施工扬尘控制责任，制定奖罚制度，以推动施工扬尘污染控制的进程。

（5）检查及奖罚。

1）项目部每周由项目经理带队，组织扬尘小组人员及班组负责人，对现场进行一次扬尘治理情况大检查，具体情况在检查后向各责任人进行通报，并发整改通知单，明确整改人、整改时间及整改要求。

2）对环境污染严重的问题，项目部必须局部或全面停工进行整改。

3）对检查出问题的，未按时整改的或整改不到位的，处罚 500 元。

4）在检查中对扬尘治理工作中表现突出队伍奖励 500 元。

5. 扬尘防治标准

（1）严格按照扬尘治理专项实施方案治理，设置相应的扬尘治理公示牌。

（2）施工现场周边必须设置硬质围墙或围挡，严禁围挡不严或随意敞开式施工并在场区四周围挡设置喷淋系统，间隔 4m 设置一个喷淋点。城区主干道两侧的围墙高度不低于 2.5m，一般路段高度不低于 1.8m。倾斜或不规整时要及时修整，确保规范。

（3）施工现场出入口和场内主要道路、加工区、办公区、生活区地面必须进行混凝土硬化处理，硬化后的地面应清扫整洁无浮土、积土，严禁使用其他软质材料铺设。硬化区域周边部分裸露部位必须绿化或采用 1～3cm 粒径碎石干铺固化。

（4）施工现场出入口必须设置定型化自动车辆冲洗设施，建立冲洗制度并设专人管理。确保带有泥土的车辆经冲洗干净后才能驶入城市街道。并随时保持场地内干净、整洁。洗车池尺寸大小为 3700mm×3000mm，护栏高度为 1200mm。施工现场出入口处设置一台防尘喷雾机。在工程后期不具备设置条件时，要设置小型人工冲洗设备，安排专人负责冲洗。

（5）在施工道路中配备机动洒水车，专人进行洒水，时刻保持地面湿润不扬尘。在施工作业区主要扬尘部位要配备洒水、喷雾设备，实施不定时喷洒，不得造成作业时扬尘。

（6）施工现场裸露的黄土、土方、渣土、散材必须采取绿化、固化或覆盖等措施处理。要使用不低于 4 针加密型材质网布有效覆盖，接缝处用扎丝绑扎牢固或用 U 型钢扎实，确保接缝严密，不易被风刮开。

（7）施工现场必须设置垃圾存放点，施工垃圾应密闭存放或覆盖，及时清运。生活垃圾应用密闭容器存放，日产日清，严禁随意丢弃。

（8）施工现场易飞扬的细颗粒建筑材料，必须密闭存放或严密覆盖，严禁露天放置；因外墙石材安装、边坡支护等施工工艺要求必须在现场切割、拌合的，应搭设封闭防尘棚，防止扬尘；材料搬运时应有降尘措施，余料及时回收。

（9）施工现场材料堆放区域必须进行地面硬化或固化。材料堆放要规整，型材成垛、散材成方，不得随意堆放、杂乱无章。

（10）建筑主体施工时必须在拆模后进行楼层建筑垃圾彻底清理并用水冲洗干净，确保不扬尘。主体临边应采用密目式安全立网全封闭防护，做到安全牢固、无破损。每月底要进行一次密目网清洗，保持清洁。

（11）施工现场运送土方、渣土车辆必须封闭或遮盖严密，严禁使用未办理相关手续的渣土运输车辆。车辆驶出大门时进行轮胎冲洗，严禁带泥上路。

（12）拆除施工现场内的建筑物、构筑物时，必须采用围挡隔离、喷淋、洒水等降尘措施，及时清运拆除的建筑垃圾。严禁敞开式拆除和长时间堆放建筑垃圾。

（13）建筑物内清扫垃圾时要洒水抑尘，施工层建筑垃圾必须装袋使用垂直升降机械清运，严禁凌空抛撒和焚烧垃圾。

（14）工程进入室外管网、绿化、铺装等尾期施工阶段，应设置临时围挡，裸露场地、管沟堆土、材料堆放须采用防尘覆盖，做到湿法作业、工完场清料净、覆盖及时到位。

（15）遇四级以上大风或重度污染天气时，应立即停止土方作业，采取喷雾、洒水等抑尘措施。及时检查土方、易扬尘材料的覆盖以及施工现场围挡状况，发现问题及时恢复，确保抑尘措施到位。

（16）施工现场应根据规模设置专职保洁人员，负责工地内及工地大门口围墙处责任范围内的环境卫生，必须建立洒水清扫抑尘制度，配备洒水冲洗设备。每天洒水不少于四次，重污染天气时相应增加洒水频次。始终保持地面潮湿、不扬尘。

（17）建筑施工现场必须使用商品混凝土、预拌砂浆，严禁现场搅拌。

（18）在建工程必须在大门口处和制高点安装扬尘放置远程监控设备，确保及时发现扬尘污染，确保正常使用。责任单位不得随意拔掉电源、损毁设备、逃避监管。

（19）项目内待开工地块必须封闭围墙（挡），裸露黄土必须采取绿化、固化或遮盖等措施，要明确专人管理，确保场地内不积存垃圾，覆盖到位。

6. 扬尘防治实施的具体措施

（1）日常管理

1）施工现场保洁

①施工现场四周采用封闭的实体墙围挡，墙高 2.5m。

②施工区内派清扫班每日进行定时清扫，及时洒水，确保路面清洁。

③日常车辆进料必须对车辆进行冲洗，保证灰土不带出工地。

④生活区、办公区由保洁员每天进行日常清扫工作。

A. 每日进行 1～2 次清扫，清扫的灰尘和垃圾必须及时处理至垃圾存放点，不得滞留；

B. 在清扫前，必须对路面、地面进行洒水，防止清扫时产生扬尘而污染周边环境；

C. 车辆进料必须进行登记，车辆出门必须进行清洗，入料车辆拒不执行洗车，一律不予放行，并及时报告项目部；

D. 做好保卫工作，与本工程无关的扬尘污染源禁止带进工地；

E. 生活区垃圾箱必须及时更换垃圾袋，及时清运，及时上盖；

F. 项目配备洒水车，每日在项目场区内洒水。

2）沉淀池

施工现场的沉淀池由清扫班清扫，并形成记录。

①工地内进行沉淀必须设置沉淀池；

②日常每周一次沉淀池进行清理，特殊情况下（如浇筑混凝土）必须及时清理，保证管道畅通；

③不得将漂浮物和固体物件排入沉淀池；

④专池专用，不得代替其他排水池；

⑤不得损坏沉淀池；

⑥定期对沉淀池的沉淀排污情况进行检查，保证排污达标。

3）专用建筑临时储存间管理

①建筑垃圾必须分类堆放，不得混堆；

②禁止超量堆放；

③保持周边清洁，不得散落；

④及时做好记录。

4）木工棚管理

木工棚由木工机械操作员日常负责管理，必须确保木工棚产生的粉尘、废料不污染环境。

①木工棚由木工机械操作员管理；

②保持木工棚整齐、整洁、及时清理锯木及废料，锯木及刨花等必须装袋后清运至指定地点，必要时可进行喷水湿润后再清理；

③专棚专用，禁止将木工棚作他用。

5）垃圾及材料运输管理

垃圾及砂石等材料的运输，能导致在运输途中的撒、漏、扬等不良现象，造成扬尘污染和其他环境影响，必须实施控制。

①垃圾的清运和砂石材料的进场必须由车厢自动翻盖的车辆实施封闭运输，无此设备的车辆禁止进场运输；

②禁止超载，必须保证车厢封闭完整，不留漏缝；

③车辆出门必须用水冲洗；

④自动反倒时必须缓慢进行，禁止猛加油门而造成排气管冲灰产生扬尘。

6）露天材料堆放管理

钢筋、黄砂、石子等均为工地露天堆放材料，如管理不好，将产生钢筋粉飞扬、砂石尘飞扬等粉尘污染，因此必须加以控制。

①严格控制成型钢筋进场，钢筋进场后即整理归堆上架，做好标识；

②石子、黄砂堆放在专用池槽，控制进料量，做到随到随用，不得大量囤积；

③石子、黄砂必须堆积方正，底脚整齐、干净，并将周边及上方拍平压实，用密目网进行覆盖，如过分干燥，必须及时洒水；

④使用砂石时禁止将所有遮盖的密目网全部打开，稍打开一角，用后拍平盖好。

（2）阶段性管理

在加强基础设施日常管理同时，必须按以下五个阶段进行动态管理，由负责人定期或不定期做好扬尘污染的监控工作。

1）临时设施阶段

①施工范围进行封闭施工，保持施工场地整洁、整齐、平顺、美观；

②将工地进出口用混凝土进行硬化，并设置冲洗设备及沉淀池等，施工运输车辆、设备出工地前必须作除尘、除泥处理，防止出场车辆将泥土、尘土带入城市道路；

③风速四级以上易产生扬尘时，要采取有效措施，防止尘土飞散；

④对可能产生粉尘的施工，采取先洒水或在施工中喷水的办法减少粉尘的产生，尽可能选用环保的低排放施工机械，并在排气口下方的地面浇水冲洗干净，防止排气将尘土扬起飞散；

⑤认真落实"门前三包"责任制。

2）基础施工阶段

①与土方施工单位签订文明施工管理协议，协议中必须强调防止施工扬尘污染的责任制，共同做好扬尘控制；

②工程土方开挖时合理安排施工进度与车辆，做到随挖随外运；防尘喷雾机随土方开挖进度及时设置跟进降尘、抑尘；

③除做好硬地坪外，其他露土部位必须保持密实，不得随意开挖翻土；

④土方的暂时堆放除按要求防止扬尘产生外，还应设置围挡，防止扬尘进入水体，特别是在雨季，应采取措施防止扬尘随雨水冲刷进入水体或市政雨水管道。弃土要在指定地点进行填筑，回填场地如暂时不予利用，应进行表面种植培养，防止水土流失。

3）结构施工阶段

①所搭设的脚手架必须全部用密目网进行外围封闭，无损坏和漏洞，旧网在使用前必须清洗干净；

②结构周边的临边防护必须用密目网设置，底部设置防空隙的踢脚板，防止垃圾从楼层外围散落而产生扬尘；

③现场一律使用商品混凝土和预拌砂浆；

④楼层清理垃圾时，预先洒水湿润。待湿透后再进行清扫，各楼层垃圾集中堆放，用劳动车从施工升降机清运至地面，为防止垃圾在清理时因风吹、抖动而产生扬尘，在使用劳动车清运时，每部车上都必须遮盖密目网。禁止从预留洞、内天井或电梯井向下抛扔垃圾，更不准从结构外围抛扔垃圾；

⑤清理脚手架垃圾时，禁止抛翻和拍打竹底笆，必须预先进行洒水，然后用扫把清扫，集中堆放在楼层内，用劳动车运下；

⑥清扫电梯井垃圾时，禁止使用抖动安全网的方法，必须用特殊工具伸入网内进行舀清；

4）装饰施工阶段

①由于装饰期间的建筑垃圾品种较多，故在现场设置的垃圾堆放点必须进行分隔，以便分类堆放装饰建筑垃圾；

②在进行大理石等石材切割或磨光时，必须设置专用封闭式的切割间，操作人员必须戴好口罩；

③拆除脚手架，禁止直接掀翻竹架板，必须先行洒水并清理垃圾；

④施工现场禁止焚烧垃圾废料等；

⑤装饰用的石膏粉、腻子粉等必须袋装，并装入库集中管理；

⑥装饰阶段应相应组织石材、木制半成品进入施工现场，实施装配式施工，减少因切割石材、木制品所产生的扬尘污染；

⑦工程结束前不得拆除工地围墙，如因正式围墙施工妨碍必须拆除临时围墙时，必须设置临时围墙挡措施。

第 4 节　绿色施工科技示范工程

绿色施工科技示范工程是指绿色施工过程中应用和创新先进适用技术，在节材、节能、节地、节水和减少环境污染等方面取得显著社会、环境与经济效益，具有辐射带动作用的建设工程施工项目。

3.4.1 背景资料

某国际机场航站楼指廊工程，地处海南地区，建筑面积约 78070.4 ㎡。指廊东西向远端距离 750m，南北向远端距离 405m。东北和西北指廊长度 218m，宽度 42m，指廊端头为放大值机区，直径 70m；东南和西南指廊长度 163m，宽度 34/42m。指廊工程地上三层、无地下室，檐口高度 23.825m，层高分别为 4.5m、3.8m。指廊基础采用桩基承台＋抗水板基础，桩基桩型为端承摩擦型钻孔灌注桩，桩端后注浆施工工艺。

主体结构采用钢筋混凝土框架结构，钢筋混凝土柱均为圆柱，柱网模数 8m×9m、16m×9m。

楼板采用钢筋混凝土全现浇主次梁楼盖体系。屋盖采用平面桁架支承单层交叉网格结构，支承结构为钢管柱。指廊屋面为金属屋面，并设采光天窗。指廊外檐采用玻璃幕墙。

工程创优创奖目标：创中国建筑工程鲁班奖、创中国土木工程詹天佑奖、住房和城乡建设部绿色施工科技示范工程、国家级 AAA 安全文明标准化示范工地、观摩示范标准化工地等。

3.4.2 核心要点分析

建设工程施工阶段要严格按照建设工程规划、设计要求，通过建立管理体系和管理制度，采取有效的技术措施，全面贯彻落实国家关于资源节约和环境保护的政策，最大限度节约资源，减少施工活动对环境造成的不利影响，提高施工人员的职业健康安全水平，保护施工人员的安全与健康。

（1）合理规划场地布置，提高临时设施周转率，做好永临结合。

四条指廊全部位于飞行区，航站区与飞行区围界转换较快，围墙采用可周转的铁皮围挡和预制基础块；航站区指廊内侧场地布设应结合结构、装修机电安装等各阶段的特点，充分考虑地下管线、登机廊桥基础位置等，利用 BIM 演化，保证硬化的加工场地和搭建的板房能够适应各阶段使用，避免因影响其他施工而拆除的风险；在塔式起重机覆盖不到、不能作为工程材料设备使用的场地，应充分做好场地策划，作为样板区、安全体验区、绿化区等，楼座外非行车场地采用当地火山岩碎石进行覆盖，减少了混凝土硬化用量；飞行区场道已做完的基层水稳层，增加保护措施后，作为进场的钢结构管桁架的加工与制作场地。

（2）利用指廊工程结构形式和工期要求，最大限度地提高材料周转率。

该航站楼指廊工程分为东北指廊、东南指廊（东区）、西北指廊、西南指廊（西区），东区和西区为镜像关系，结构形式相同。在总体施工部署上，在保证工期和质量双控目标下，充分做好分区分段流水施工方案优化，保证了劳务投入和模板料具的周转率，最大限度提高吊装效率。同时，现场安全防护和加工场地全部采用集团标准化栏杆和可周转加工棚，一次投入，多次周转；现场办公用房和库房，全部使用可周转的集装箱房，大大节省了临建基础与装修施工等工作，达到节材、节能、节约施工成本等目的。

（3）充分利用当地绿植资源和太阳能资源，打造花园式绿色智能样板工地。

该项目施工场地，原为农户种植苗圃，项目将苗圃大量移植在施工现场和生活办公区绿化美化，大量减少了硬化面积，节约了硬化混凝土，同时也响应了设计理念，创建花园式工地。海南省有着丰富的太阳能资源，年均日照天数 225d，一年光照时长可达 2400h

以上，在工程现场和办公生活区均大量采用光伏照明系统，生活淋浴热水均采用太阳能热水器，生活区多处应用太阳能先进设备，如采用太阳能灭虫，太阳能烘干，太阳能室内照明等，最大限度节约电能。

（4）推广应用《建筑业 10 项新技术》（2017 版），挖掘绿色施工创新技术。

工程采用《建筑业 10 项新技术》（2017 版）中 9 大项，32 小项新技术；在运营绿色科技及创新技术中，引进可调钢筋连接技术、超长混凝土结构裂缝控制技术及钢结构管桁架提升技术等多项创新技术应用。

3.4.3　方案实施

1. 绿色施工目标

依据《住房和城乡建设部绿色施工科技示范工程技术指标》并结合工程实际情况和特点，制定切实可行的绿色施工量化控制目标。

（1）节地和土地资源利用目标见表 3-10。

节约用地目标　　　　　　　　　　　　　　　　　表 3-10

项目	目标值
临时用地指标	临建设施占地面积有效利用率大于 90%
施工总平面图布置	职工宿舍使用面积满足 2.5m²/人

（2）节材与材料资源利用目标见表 3-11。

节约材料目标　　　　　　　　　　　　　　　　　表 3-11

项目	目标值
节材措施	就地取材，距现场 500km 以内生产的建筑材料用量占比
结构材料	材料总用量 80%； 钢筋目标损耗率 1.75%； 混凝土目标损耗率 1.05%； 加气混凝土砌块目标损耗率 1.5%； 模板平均周转次数 6 次
装饰装修材料	损耗率比定额损耗率降低 30%
周转材料	工地临房、临时围挡材料的可重复使用率达到 80%
资源再生利用	建筑材料包装物回收率 100%

（3）节水与水资源利用目标见表 3-12。

节约用水目标　　　　　　　　　　　　　　　　　表 3-12

项目	目标值
提高用水效率	节水设备（设施）配置率 100%
非传统水源利用	非传统水源和循环水的再利用量大于 30%
目标耗水量	基础阶段 2.5m³/万元产值； 主体阶段 2.2m³/万元产值； 装饰装修阶段 2.7m³/万元产值

（4）节能和能源利用目标见表 3-13。

节约能源目标 表 3-13

项目	目标值
现场照明	现场节能灯具的使用率 100%； 照度不超过最低照度的 20%
目标电耗	基础阶段：60kW·h/万元产值； 主体阶段：64kW·h/万元产值； 装饰装修阶段：58kW·h/万元产值

（5）环境保护目标见表 3-14。

环境保护目标 表 3-14

项目	目标值
扬尘控制	土方作业阶段：目测扬尘高度小于 1.5m； 结构施工阶段：目测扬尘高度小于 0.5m； 安装装饰阶段：目测扬尘高度小于 0.5m
建筑废弃物控制	每万平方米建筑垃圾量控制在 280t 以下，建筑垃圾再利用和回收率不小于 50%； 有毒、有害废弃物分类率达 100%
噪声与振动控制	各施工阶段昼间噪声：≤70dB； 各施工阶段夜间噪声：≤55dB
水污染控制	施工现场污水排放符合现行相关标准的有关要求； 污水 pH＝6～9
有害气体排放控制	电焊烟气的排放应符合现行相关标准的规定

2. 绿色施工管理

（1）建立绿色施工管理组织机构，明确各部门、各岗位职责。

（2）制定各项管理制度，明确负责实施的责任部门和责任人。

（3）绿色施工技术管理

施工组织设计及各分项工程施工方案有绿色施工章节，明确绿色施工目标及要求；根据《住房和城乡建设部绿色施工科技示范工程技术指标》，结合本工程实际情况和特点编制《绿色施工方案》；图纸会审、深化设计需考虑绿色施工要求；工程技术交底记录包含绿色施工内容。

（4）评价管理

1）自我评价

①项目自我评价阶段分为地基与基础工程、结构工程、装饰装修工程和机电安装工程；

②评价要素包括技术创新与应用、施工管理、环境保护、节材与材料资源利用、节水与水资源利用、节能与能源利用和节地与土地资源保护七个要素；

③评价频次：每个阶段每 2 个月评价一次，每个阶段不少于一次；

④根据《住房和城乡建设部绿色施工科技示范工程技术指标（试行）》进行自我评价。

"技术指标"中共有 87 项要求，其中控制项为 56 项。控制项必须完全符合要求，其他内容符合率达到 75% 即为合格。

2）评价分析和持续改进

项目部每次自我评价后召开评价分析会，根据自我评价记录，对存在的问题确定整改时间、整改人员和整改措施进行整改，并对整改结果进行评价，持续改进，确保各项指标完成。

3. 绿色施工措施

（1）节地与施工用地保护措施

1）停车场利用原有土地铺植草砖，避免车辆破坏原有土质；

2）施工现场进行绿化及硬化，办公生活区打造花园式景观。实施效果如图 3-6、图 3-7 所示。

图 3-6　办公区效果图　　　　　　图 3-7　施工现场效果图

3）材料有序码放，如图 3-8、图 3-9 所示。

图 3-8　材料场地提高利用率示意图　　　图 3-9　材料有序码放示意图

（2）节材与材料资源利用措施

1）在进行钢筋采购前使用广联达软件进行钢筋优化，并优化钢筋下料方案，减少钢筋浪费；制定材料限额领料存放制度，提高周转效率；使用剩余混凝土制作混凝土预制块，铺设地面，减少废旧材料浪费。优化混凝土配合比，通过粉煤灰、矿粉、减水剂的应用，降低水泥及水的使用；

2）本工程全部使用商品混凝土和散装预拌砂浆；

3）钢筋接头采用直螺纹连接，并采用成品切割机进行端头切割，避免使用无齿锯等造成材料及电能的浪费，同时避免使用搭接方式，节约钢筋；

4）应用 BIM 技术对钢筋复杂节点和钢筋与钢结构连接节点进行深化，如图 3-10、图 3-11 所示；

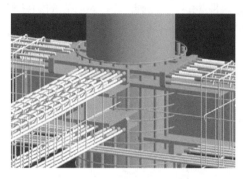
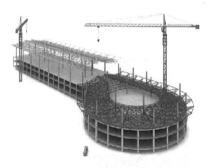

图 3-10 梁柱节点 BIM 应用示意图　　　　图 3-11 钢结构分段整体提升示意图

5）填充墙砌筑施工前进行深化设计，对蒸压加气混凝土砌块墙体进行排版，减少切砌块产生的损耗，砌筑时落地灰及时清理，收集再利用。如图 3-12、图 3-13 所示；

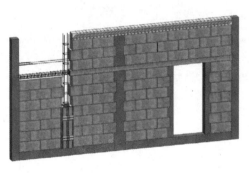

图 3-12 填充墙排版图示意图　　　　图 3-13 砌筑样板示意图

6）利用废旧模板用于结构预留孔洞的防护、成品楼梯防护、二次结构钢筋保护等；钢筋废料制作成马镫、预埋件、定位钢筋等；

7）现场机械加工棚、安全防护及围挡等按照集团标准化使用定型可周转材料，现场库房及办公用房均使用集装箱房，实现材料设施周转目标；

8）使用自动化办公系统软件，减少不必要的纸质文件，节约纸张，现场办公用纸应分类摆放，纸张两面使用，废纸定期回收。

（3）节水与水资源利用措施

1）根据工程特点和施工现场情况，分别确定生活用水与工程用水定额指标，办公区、生活区、生产区用水分别计量考核管理。签订不同标段分包或劳务合同时，将节水定额指标纳入合同条款，进行计量考核；

2）办公区、生活区的生活用水采用节水器具，节水器具配置率达到 100%。浴室、盥洗室、食堂张贴节水标语。如图 3-14、图 3-15 所示；

图 3-14　感应式洗手池效果图

图 3-15　感应式小便斗效果图

3）设置雨水收集池，将收集的雨水进行灌溉、洗车等工作。

（4）节能和能源利用措施

1）对施工现场的生产、生活、办公分别设定用电控制指标，生产、办公、生活用电分别计量、统计、核算、对比分析；

2）使用国家、行业推荐的节能、高效、环保的施工设备和机具，如变频式塔式起重机、变频式水泵等。不使用国家、行业、地方政府明令淘汰的施工设备机具和产品；

3）项目部办公用电处张贴节能标识，创建全员节能型项目部；在工人生活区使用36V USB 插座充电设备，减少能耗。如图 3-16、图 3-17 所示；

图 3-16　节能标识示意图

图 3-17　USB 节能充电插座示意图

4）在楼道处安装 LED 消防应急照明灯，通过光控装置减少能源浪费；灯具采用 LED 节能灯。如图 3-18、图 3-19 所示；

图 3-18　LED 消防应急节能照明示意图

图 3-19　室内灯具示意图

5）优先选用新型清洁能源，包括太阳能照明灯具、热水器、装饰灯，利用太阳能进行照明与部分居住热水供应；引入空气能热水器，使用空气压缩能提供项目部淋浴间热水，充分达到节能环保目的；

6）生产、生活及办公临时设施的体形、朝向合理，充分利用自然通风和采光；

7）合理安排工序和施工进度，提高各种机械的使用率和满载率。塔式起重机跨区覆盖，实现施工机具资源共享。

（5）环境保护措施

1）运送土方、渣土等易产生扬尘的车辆采用密闭式车辆，现场进出口设置高效洗轮机，进出现场车辆进行冲洗清洁，购置成品洒水车；预拌砂浆采用密闭砂浆罐存放。如图 3-20～图 3-22 所示；

图 3-20　洗车池示意图　　　　图 3-21　砂浆罐示意图　　　　图 3-22　洒水车示意图

2）裸露的场地采用多种方式进行覆盖处理，可绿化区进行充分绿化；易产生扬尘的施工作业采取遮挡、抑尘等措施；

3）对进出场车辆及机械设备进行检查，查验其尾气排放是否符合国家年检要求，并进行登记记录。无绿色环保标志车辆禁止进入施工现场。现场污染气体的排放要符合相关要求；

4）食堂使用电或液化石油气等清洁燃料，食堂设置油烟净化装置，并定期维护保养；

5）现场设置可分类封闭垃圾站，定期分拣重复利用，建筑垃圾回收利用率达到50%；生活垃圾桶定期消毒，定期清运；废墨盒、电池等有毒有害的废弃物封闭分类回收；

6）基础桩废桩头除粉碎用于道路回填外，同时利用开挖出的孤石雕刻出文化石；

7）施工现场夜间室外照明采用 LED 带可调角度灯罩式灯具，透光方向集中在施工范围，保证强光线不射出工地外；电焊作业采取遮挡措施，避免电焊弧光外泄。

4. 绿色科技创新与应用

（1）推广技术应用

项目结合绿色施工目标，应用了住房和城乡建设部《建筑业 10 项新技术》（2017）中的 5 个大项、16 个子项，见表 3-15。

建筑业绿色施工项目实施概况表 表 3-15

序号	子分部工程	分项工程
1	地基基础和地下空间工程技术	基坑施工封闭降水技术
2	机电安装工程技术	基于 BIM 的管线综合布置技术； 机电消声减震综合施工技术； 建筑机电系统全过程调试技术
3	绿色施工技术	建筑垃圾减量化与资源化利用技术； 施工现场太阳能、空气能利用技术； 施工扬尘控制技术； 施工噪声控制技术； 工具式定型化临时设施技术； 混凝土楼地面一次成型技术； 建筑物墙体免抹灰技术
4	室外人行道路工程	透水混凝土； 植生混凝土
5	信息化应用技术	基于 BIM 的现场施工管理信息技术； 基于互联网的项目多方协同管理技术； 基于移动互联网的项目动态管理信息技术

（2）智慧工地建设应用

1）办公生活区监控系统

视频监控应用于施工现场办公生活区，是计算机网络技术在工程建设领域应用的提升，有效地辅助项目部管理水平的提高，对降低施工成本、消除事故隐患起到了重要作用，同时加强了办公生活区的治安管理，促进社会的稳定和谐。

2）塔式起重机防碰撞管理系统

通过吊重传感器、回转传感器、幅度传感器、高度传感器等多项智能终端采集设备，将塔机实时运行状态数据化展现出来，超过警戒值预警并截断，有效预防塔式起重机超重、碰撞、倾覆等安全事故。

3）施工现场及办公生活区门禁、劳务管理系统

施工现场和办公生活区安装门禁闸机系统，工人进出施工现场和生活区刷卡出入，显示屏显示工人姓名、年龄、所属劳务队、工种、照片、接受安全教育情况等信息，方便保安人员进行核对。智能劳务管理系统根据门禁闸机提供的数据，统计每日施工现场各劳务队出勤人数自动生成考勤表，并可自动统计各劳务队工人总数、各工种人数、生活区住宿人数及工人每月工时情况，实现智慧型治安管理、劳务管理。

4）施工现场二维码指示牌

施工现场采用 BIM＋二维码技术，使得施工现场构件原始数据具有可追溯性。

（3）技术创新

钢筋与钢结构节点可调式钢筋连接器技术：将框架梁、柱钢筋与钢管柱牛腿连接节点由焊接方式优化为可调连接器连接，在钢结构加工厂提前将可焊接套筒焊接在牛腿钢板上，现场通过可调式钢筋连接器与钢筋连接。本工程使用了 10376 根钢筋与钢结构器连

接，此方法现场施工操作简便，节省了有效工期 15d，节约钢筋 10.48t，节约电能 630kW·h，降低工程成本 20 万元。相比焊接连接方式，避免焊接高温对钢板的形变影响，保证施工质量，减少了焊接作业对环境的废气污染和光污染。如图 3-23、图 3-24 所示。

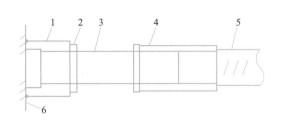

图 3-23　可调连接器构造图　　　　　　　图 3-24　可调钢筋连接器示意图

1—焊接头；2—紧固螺母；3—连接杆

4—连接套；5—钢筋；6—钢结构

（4）BIM 技术应用

1）在施工前期进行 BIM 建模工作，将施工过程进行提前动画演示，避免现场返工产生，减少现场交叉作业造成的浪费。如图 3-25～图 3-27 所示。

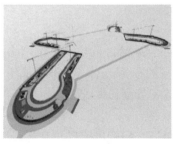

图 3-25　桩基阶段模拟图　　　图 3-26　施工现场布置图　　　图 3-27　现场临边防护示意图

2）利用 BIM 建模技术进行现场施工交底，更直观地表示建筑内容，通过 BIM 精确算量，提前进行提料工作，避免材料的浪费。如图 3-28～图 3-30 所示。

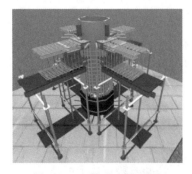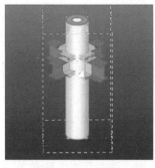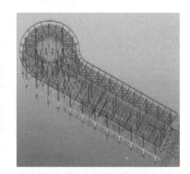

图 3-28　组合节点模型图　　　图 3-29　牛腿节点模型图　　　图 3-30　钢屋架模型图

3）经过 BIM 安装综合深化设计，解决各专业管线碰撞问题，对复杂节点优化管线排布。弧形走廊管线种类多，净空高度要求高，利用 BIM 技术模拟管线安装，模拟管件弯头的度数，提前发现安装难点。

4）利用模板文件及工作集，形成综合 BIM 模型，进行"虚拟施工"。通过模板文件完成标准化出图。

3.4.4　效果总结

通过绿色施工科技示范工程的创建，加强了全体参建人员绿色施工意识，提高了工程的节能、节地、节约资源水平，实现了资源的高效利用；最大限度地保护了环境，实现了人与自然的和谐共处。同时，为绿色施工技术的规模化应用提供了更为便捷的参考方式，让更多地区和单位可以快速应用绿色施工技术进行规模化及规范化施工；更有利于行业规范及国家规范的更新和编制，对整个国民经济的发展起到推动性作用。

第4章 建筑施工标准化建设

第1节 建筑施工企业质量标准化建设

4.1.1 质量管理标准化岗位责任制度

1. 公司各部门的质量责任制

工程施工切实把工程质量摆在经济工作的首位，贯彻落实"百年大计、质量第一"的方针，以质量求生存，以信誉求发展，全面贯彻建筑企业质量责任制。

（1）公司总经理的质量责任；

（2）公司副总经理的质量责任；

（3）总工程师的质量责任；

（4）技术质量部的质量责任；

（5）生产安全部的质量责任；

（6）公司办公室的质量责任。

2. 项目经理部的质量责任制

项目经理部是工程管理第一线，项目经理是项目工程质量第一责任人，负责组织开展各项质量管理工作，对工程合同履行承担领导责任，对承建工程的施工质量全面负责。

（1）项目经理的质量责任；

（2）项目总工程师的质量责任；

（3）质量员的质量责任；

（4）施工员的质量责任；

（5）试验员的质量责任；

（6）测量员的质量责任；

（7）材料员的质量责任；

（8）安全员的质量责任；

（9）资料员的质量责任；

（10）施工班组的质量责任。

4.1.2 质量管理培训

1. 质量管理培训的目的

（1）企业全员职工了解国家质量管理法律法规、标准规范，牢固树立质量第一的思想。

（2）加强过程质量控制，强化责任追究，提高全员质量素质。

（3）强化体系意识，使各管理人员和施工人员都能明确质量管理体系所规定的责任和权限，并按要求履行。

2. 质量管理培训对象

培训对象有企业管理人员、项目经理部各部门管理人员、施工人员、班组操作人员及工人。

3. 培训类型

（1）全员质量教育培训：由企业技术质量部对企业管理人员、项目管理人员进行一次质量教育。

（2）重点人员质量教育培训：对质量管理人员、专职质检人员、施工人员进行重点人员质量教育培训。

（3）专项质量教育：根据项目工程特点，组织质量管理人员及作业人员进行专项的基本质量技术培训。

4. 培训形式

（1）文件宣传、图片展示、板报展览等。

（2）召开质量专题会。

（3）授课、讲座。

5. 培训内容

（1）国家、行业法律法规、标准规范。

（2）企业质量管理手册。

（3）项目经理部相关质量保证体系文件、专项施工方案等。

第 2 节　项目工程实体质量标准化建设

4.2.1　质量计划与施工组织设计的关系

质量计划是针对特定的产品、服务、合同或工程项目规定专门的质量措施、资源和活动顺序的文件。质量计划可作为对外针对特定工程项目的质量保证和对内针对特定工程项目质量管理的依据。

（1）质量计划是以完成特定工程项目合同质量要求为目标，具体贯彻 ISO 9001 标准，开展对外质量保证职能的一种质量体系文件。它既是企业内部具体落实公司质量管理体系文件的操作性文件，又是向外部展示公司质量保证能力的文件。

（2）施工组织设计是以单位工程为对象所编制的用以指导施工组织活动的技术性文件。它是以全面完成工程合同为目标的，主要侧重企业内部的现场施工组织与技术管理，而较少涉对外质量保证的问题，因此它不能向外部全面展示企业的质量保证能力，使业主对工程质量产生深刻的信任感。

两个文件在编制内容及作用上有差别。由于质量计划与施工组织设计的侧重面不一样，因此其作用也不同。现阶段一般要求同时编制两种文件，以满足贯标审核需要及业主（监理）的要求。

在具体编制这两个文件时，应注意避免互相重复，以保证它们的独立性及相容性。如：工程概况，在施工组织设计中就可以多写一些，而在质量计划中就可简要地写；组织结构部分，在质量计划中就应充分地展开，而在施工组织设计中就可简要地说明；质量计划不应涉及施工技术细节方面的内容。

4.2.2　项目质量计划的编制

（1）工程正式开工前由公司与项目部进行项目质量策划，项目依据项目策划组织编制

《项目质量计划》。

（2）对于中小型工程或施工图纸能够一次基本到位的工程，项目应于开工初期完成质量计划的第一版的编制工作。

（3）工程项目质量计划要结合项目施工特点，把质量活动责任到人，岗位工作要标准化。质量计划编制应说明质量活动的具体方法，应具有较高的可操作性，以促进项目施工管理的规范化和标准化。

（4）工程项目质量计划的格式一般按《质量管理体系要求》GB/T 19001—2016 和《质量管理体系 质量计划指南》GB/T 19015—2008 标准的要求编制，单独成册。

质量计划内容应以企业的《质量手册》和程序文件为依据，编制内容尽可能与工程施工项目管理过程相结合，与项目的各项管理制度和施工组织设计相结合。

（5）质量计划一般分综合性内容和具体性内容两大方面，综合性内容包括封面、目录、质量计划的控制规定、修改记录、引用文件和定义；具体性内容包括项目工程概况、质量目标、组织机构和管理职责等。

（6）项目质量计划由项目经理牵头编制，公司质量管理部门审核，公司分管领导批准。

4.2.3 项目质量计划的结构及编制内容

1. 工程概况

主要包括：工程名称、建设地点、工程规模（建筑面积、总投资或工作量）、计划开竣工日期、结构类型、工程的主要特点、现场环境条件、按合同要求承担的工程范围以及工程的业主单位、设计单位、监理单位、第三方质量监督机构名称等。为简化文字，以上内容可列表说明。

2. 总则

（1）项目总目标。

（2）质量计划编制依据。

（3）工程验收准则。

（4）质量计划的管理。

3. 组织机构与职责

阐述本项目经理部的组织机构，明确各主要管理岗位的人员，具体规定他们在质量管理体系中的管理职责和权限。

4. 文件资料的控制

明确本项目主要受控文件的范围：质量体系文件及第三层次文件、标准规范类文件、合同类文件、图纸类文件、施工技术方案类文件以及与质量有关的外来文件等。

明确文件资料收集、归档的方法及责任者。

5. 与产品有关要求的确定与评审

因项目主要是负责执行项目合同和参与合同修订工作，故不包括招标文件与合同文件签订前的与产品有关要求的确定与评审工作。

（1）对合同修订的管理。

（2）对设计变更和工程洽商的管理。

（3）合同文件的管理。

6. 物资管理

（1）物资采购策划的说明。

（2）对供应商的评价。

（3）业主提供的物资。

（4）物资采购的实施。

（5）分包方采购的物资。

（6）物资的验证。

（7）不合格物资的处理。

（8）记录要求。

7. 工程分包

（1）工程及劳务分包的策划。

（2）分包商的评价。

（3）如何选择分包商。

（4）分包合同。

（5）分包商进场验证。

（6）记录要求。

8. 业主提供财产的控制

（1）合同约定。

（2）对业主提供物资的验证。

（3）业主提供物资的贮存与防护。

（4）对业主指定分包商的管理。

9. 标识和可追溯性

（1）物资标识。

（2）施工过程的标识。

（3）检验试验状态的标识。

（4）记录要求。

10. 施工过程控制

（1）确定过程。

（2）关键过程的控制。

（3）特殊过程的控制。

（4）记录要求。

11. 计量器具的管理

（1）管理。

（2）检定。

12. 产品防护

（1）物资的搬运及贮存。

（2）产品防护和交付。

13. 质量记录的管理

质量记录包括了两大类，即质量体系运行及其有效性记录和工程质量控制及其效果记录。

（1）明确本项目质量记录的主要类别和明细。

（2）明确质量记录的记录、收集、保管等的职责及方法。

14. 培训

（1）确定培训计划与实施。

（2）特殊岗位人员能力的控制。

（3）记录要求。

15. 产品监视和测量

确定进货检验和试验、过程检验和试验、最终检验和试验的过程及其内容，编制各阶段的检验试验计划。

阐明对分包单位检验和试验工作的控制方法及责任人。规定本项目工程产品的检验和试验记录的收集及归档要求。

16. 过程监视和测量

（1）监视和测量的对象。

（2）过程监视和测量的实施。

（3）监视测量频次和记录。

（4）对发现不符合的处理。

17. 不合格品的控制

（1）不合格品的标识、记录。

（2）不合格品的评审和处置。

18. 业主满意

19. 数据分析

（1）数据分析的基础。

（2）数据分析的方法及要求。

20. 纠正和预防措施

明确纠正和预防措施的制订要求及其编制、批准人；明确纠正和预防措施实施后的跟踪验证要求及责任者；明确记录要求。

21. 与上级有关管理部门的业务接口

阐述本项目在有关业务工作上与上级相应部门的业务接口关系及要求上级为本项目所提供必要服务的内容及其完成时间。如：保函工作（财务部配合）、预决算工作（合约部门配合）、CI 工作及现场管理（行政部门及质量安全部配合）、工程创优及竣工验收（质量安全部配合）等。

22. 质量计划的主要附录

（1）工程质量目标分解。

（2）项目组织机构图。

（3）技术方案编制计划表。

（4）项目培训计划。

4.2.4　现场 PC 构件施工工艺及质量控制措施样板

装配式建筑是通过预制部件的装配而成，通过预制构件厂生产的墙、板、梁等预制构件在施工现场的组合而形成的建筑。根据装配率的要求，设计人员会选用不同的预制构件用于具体工程。

1. 现场预制内外墙板施工

（1）施工工艺流程

预留套筒插筋复核、校正→预制填充墙吊装（用垫片调整标高、墙体就位后测平面定位及垂直度，无误后用斜撑杆固定并及时坐浆）→现浇部分钢筋、模板及架体搭设→叠合板下架体搭设→叠合板吊装→钢筋绑扎、水电线管敷设→混凝土浇筑及养护→楼梯吊装。

（2）施工准备的质量控制

1）首层外墙板预留插筋定位

待顶板混凝土浇筑前应使用定位控制钢板辅助钢筋定位，墙板吊装前校核定位钢筋位置，保证墙板吊装就位准确。辅助钢筋定位控制钢板根据墙板预制钢筋位置，加工比钢筋直径大 2mm 的孔洞，确保定位钢筋位置准确；为使混凝土浇筑时方便灌入和振捣，定位控制钢板设置直径为 100mm 的灌入振捣口。在浇筑混凝土前将插筋露出部分包裹胶带，避免浇筑混凝土时污染钢筋接头。在预制墙板吊装前去除插筋露出部分的保护胶带，并使用钢筋定位措施件对插筋位置及垂直度进行再次校核，保证预制墙板吊装一次完成。辅助钢筋定位控制钢板如图 4-1 所示。

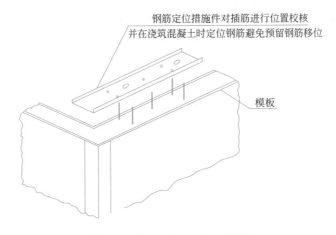

图 4-1　辅助钢筋定位控制钢板

2）墙顶标高垫板安装

预制外墙、内墙板标高通过钢垫板进行调节，钢垫板尺寸为 40mm×40mm，厚度按 20mm、10mm、5mm、2mm、1mm 进行配置。每个预制墙板顶部设置两块垫板，通过测量调整垫块顶面至设计标高。

3）橡胶条安装

在预制外墙、内墙板吊装前，提前在下一层墙板顶部粘贴橡胶条，与外侧水泥砂浆封堵料共同作用，将外墙板之间的 20mm 水平缝形成封闭空间，方便后续灌浆填缝或坐浆。

4）高强度水泥砂浆坐浆

预制墙板构件分为预制外墙和预制内墙。墙板之间的水平缝可以通过钢筋套筒灌浆封堵填实，而墙板构件的水平缝则需要在构件吊装之前，先进行坐浆施工。

5）预制墙板套筒灌浆连接准备工作

①在预制墙板灌浆施工之前对操作人员进行培训，通过培训增强操作人员对灌浆质量重要性的意识，明确该操作行为的一次性且不可逆的特点，从思想上重视其所从事的灌浆操作；另外，通过工作人员灌浆作业的模拟操作培训，规范灌浆作业操作流程，熟练掌握灌浆操作要领及其控制要点。

②灌浆料的运输与存放

现场存放灌浆料时需搭设专门的灌浆料储存仓库，要求该仓库防雨、通风，仓库内搭设放置灌浆料存放架（离地一定高度），使灌浆料处于干燥、阴凉处。

③灌浆操作时需要准备的机具包括量筒、桶、搅拌机、灌浆筒、电子秤等，根据墙板灌注数量，配置一定量的灌浆料。

④预制墙板与现浇结构部分表面应清理干净，不得有油污、浮灰、粘贴物、木屑等杂物，并且在构件毛面处剔毛且不得有松动的混凝土碎块和石子；与灌浆料接触的构件表面用水润湿且无明显积水，保证灌浆料与其接触构件接缝严密，不漏浆。

（3）测量放线的质量控制

1）设置楼面轴线垂直控制点，每层楼面不少于 4 个，楼层上的控制轴线用经纬仪由底层原始点直接向上引测。

2）每个楼层设置 1 个引测高程控制点。

3）预制构件控制线由轴线引出，每一块预制构件上弹出纵、横控制线各 2 条。

4）预制外墙板安装前，在墙板内侧弹出竖向线与水平线，安装时与楼层上该墙板控制线相对应。

5）预制外墙板垂直度测量，4 个角留设的测点为预制外墙板转换控制点，用靠尺（托线板）以此 4 点在内侧进行垂直度校核和测量。

6）在预制外墙板顶部设置水平标高点，在上层预制外墙板吊装时先垫钢板垫块。

（4）吊装过程中的质量控制

1）根据预制墙板顶部预螺栓套筒的位置采用合理的起吊点，用卸扣将钢丝绳与外墙板用螺栓连接的角钢吊耳连接，起吊至距地 500mm，检查构件外观质量及吊耳连接无误后方可继续起吊，钢丝绳与吊装水平面的夹角不得小于 45°。起吊前需将预制墙板下侧阳角钉制 500mm 宽的通长多层板，起吊要求缓慢匀速，保证预制墙板边缘不被损坏。墙板模数化吊装梁。

2）预制墙板吊装时，要求塔式起重机缓慢起吊，吊至作业层上方 600mm 左右时，施工人员扶住构件，调整墙板位置（墙底部套筒对准插筋），缓缓下降墙板。

（5）构件定位的质量控制

1）预制墙板固定

墙板吊装就位后，用长斜撑杆将两端分别与预制墙板和现浇楼板预埋件连接，转动撑杆，进行初调，保证墙板的大致竖直。待长斜撑杆固定完毕后，立即将快速定位措施件更换成短斜撑杆，方便后续墙板精确调节。

2）预制墙板精确调节

构件安装初步就位后，对构件进行三向微调，确保预制构件调整后标高一致、进出一致、板缝间隙一致，并确保垂直度。根据相关工程经验并结合工程实际，每块预制构件采用 2 根可调节短斜撑杆、2 根可调节长斜撑杆及 2 组标高调节垫板进行微调。

①构件标高调节

预制墙板构件标高调节采用标高调节垫板，每一块预制构件顶部设置 2 组垫板，每组垫板通过放置不同厚度的钢板来控制垫板顶面标高，此项工作在预制构件吊装前完成。

构件标高通过精密水准仪来进行复核，每块墙板吊装完成后须复核，每个楼层吊装完成后须统一复核。

标高调节前须做好以下准备工作：a. 引测楼层水平控制点；b. 每块预制墙板面弹出水平控制墨线；c. 相关人员及测量仪器、调校工具到位。

②构件水平位置调节

待预制构件水平调节完毕后，进行板块水平位置微调，微调采用液压千斤顶或撬棍。

构件水平位置复核：通过钢尺测量构件边与水平控制线间的距离来进行复核，每块板块吊装完成后须复核，每个楼层吊装完成后须统一复核。

水平位置调节前须做好以下准备工作：a. 引测结构外延控制轴线；b. 预制构件表面弹出竖向控制墨线；c. 相关人员及测量仪器、调校工具到位。

③构件垂直度调节

构件垂直度调节采用可调节斜撑杆，每一块预制构件左右两端各设置 1 根长斜撑杆和 1 根短斜撑杆，撑杆端部与结构楼板埋件和构件上的埋件牢固连接。撑杆两端设有可调螺纹装置，通过旋转杆件，可以对预制构件顶部形成推拉作用，起到板块垂直度的调节作用。

构件垂直度通过垂准仪来进行复核，每块板块吊装完成后须复核，每个楼层吊装完成后须统一复核。

（6）灌浆质量控制

1）套筒、连接钢筋清理

作业条件：现场底层钢筋校直完毕且具备预制构件吊装的条件。

构件吊装前检查预制构件中套筒的、预留孔的规格、位置、数量和深度并记录，采用鼓风机和试管刷将套筒、预留孔清理干净，不得存有杂物；吊装前应检查被连接钢筋的规格、数量、位置和长度并记录，当连接钢筋倾斜时应进行校直。

2）安装密封条

构件吊装前应按照构件安装的位置进行画线，对超过 800mm 长度的构件基础按照 400～800mm 一个仓进行画线，并标注分仓的位置，然后清理待构件安装时基础的表面，表面不得有油渍、碎渣等。

清理基础表面后，在边缘画线处和分仓线上涂刷建筑结构专用胶，将弹性橡胶条牢牢粘在基础面上（胶条边缘距离安装位置线 20mm）。安装胶条时两个胶条连接处应用建筑胶粘结，分仓胶条和坐浆胶条用建筑胶粘结，见图 4-2。

2. 现场预制叠合板施工

（1）施工工艺流程

预制叠合楼板安装准备→测量放线→预制叠合楼板底部支撑系统施工→预制叠合楼板吊装→水电线管预埋→现浇楼板、梁钢筋绑扎→现浇楼板、梁混凝土浇筑→预制叠合楼板底部拼缝处理，见图 4-3。

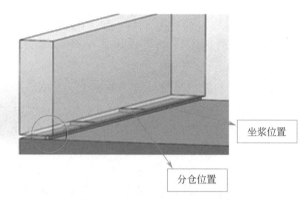

图 4-2　分仓胶条和坐浆胶条位置图

叠合板安装

墙板支撑架

图 4-3　墙板和楼板安装示意图

（2）吊装质量控制

1）预制叠合楼板吊装采用专用的吊装扁担，利用预制叠合楼板板面上的预埋套筒进行吊装，确认卸扣连接牢固后缓慢起吊。

2）待预制叠合楼板吊装至作业面上 500mm 处略作停顿，根据叠合楼板安装位置控制线进行安装。就位时要求缓慢放置，不应快速猛放，以免造成叠合楼板振折损坏。

3）吊装采用专用吊索和 4 个闭合吊钩，平均分担受力，多点均衡起吊，单个吊索长度为 4m。

4）叠合楼板吊装就位后根据标高及水平位置线进行校正。

5）楼板支撑体系的拆除必须在现浇混凝土达到规范规定强度后方可拆除。

（3）底部拼缝处理

在墙板和楼板混凝土浇筑之前，应派专人对预制楼板底部拼缝及其与墙板之间的缝隙进行检查，对一些缝隙过大的部位进行支模封堵处理。

3. 预制楼梯施工

（1）工艺流程

预制楼梯板安装准备→梯段上下口水泥砂浆坐浆→梯段底部支撑系统安装→梯段起吊、就位、校正→梯段连接部位处理→测量复核→检查验收→灌浆料封堵。

（2）吊装质量控制

1）待楼梯板吊装（图 4-4）至作业面上 500mm 处略作停顿，根据楼梯板方向调整，就位时要求缓慢操作，不应快速猛放，以免造成楼梯板振折损坏。

2）楼梯板基本就位后，根据控制线，利用撬棍微调，保证楼梯与现浇结构之间有 30mm 的滑移缝。

3）楼梯段校正完毕后，在梯段底部与牛腿梁连接部位采用水泥砂浆进行坐浆，在梯段侧面与牛腿梁连接部位采用聚苯填充材料填充、PE 棒封堵、打耐候胶。将梯段下口滑动铰端螺母拧紧、砂浆封堵，将梯段上口固定铰端灌浆料填充、砂浆封堵。

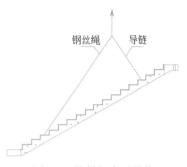

图 4-4　楼梯板水平吊装

4.2.5　质量验收及评定

建设工程项目施工质量验收应按照现行国家标准《建筑工程施工质量验收统一标准》GB 50300 和各专业施工质量验收规范进行。施工质量验收包括施工过程的工程质量验收和施工项目的竣工质量验收。

1. 施工过程的工程质量验收

施工过程的工程质量验收是指在施工过程中，在施工单位自行质量检查评定的基础上，参与建设活动的有关单位共同对检验批、分项、分部、单位工程的质量进行抽样复验，根据相关标准以书面形式对工程质量达到合格与否做出确认。

（1）检验批质量验收合格应符合下列规定：

1）主控项目的质量经抽样检验均应合格；

2）一般项目的质量经抽样检验合格；

3）具有完整的施工操作依据、质量检查记录。

检验批是施工过程中条件相同并有一定数量的材料、构配件或安装项目，由于其质量基本均匀一致，因此可以作为检验的基础单位，并按批验收。检验批是工程验收的最小单位，是分项工程乃至整个建筑工程质量验收的基础。

质量控制资料包括检验批从原材料到最终验收的各施工工序的操作依据、质量检查情况记录以及保证质量所必需的管理制度等。对其完整性的检查，实际是对过程控制的确认，这是检验批合格的前提。

检验批的合格质量主要取决于对主控项目和一般项目的检验结果。主控项目是对检验批的基本质量起决定性影响的检验项目，因此，必须全部符合有关专业工程验收规范的规定。这意味着主控项目不允许有不符合要求的检验结果，这种项目的检查具有"否决权"，必须从严要求。对于一般项目抽样合格判定条件，根据规范《建筑工程施工质量验收统一标准》GB 50300—2013 中的方法判定是否合格。

（2）分项工程质量验收合格应符合下列规定：

1）所含检验批的质量均应验收合格；

2）所含检验批的质量验收记录应完整。

分项工程的质量验收在检验批验收的基础上进行。一般情况下，两者具有相同或相近的性质，只是批量的大小不同而已。将有关的检验批验收汇集起来就构成分项工程验收。分项工程质量验收合格的条件比较简单，只要构成分项工程的各检验批的验收资料文件完整，并且均已验收合格，则分项工程验收合格。

（3）分部工程质量验收合格应符合下列规定：

1）所含分项工程的质量均应验收合格；

2）质量控制资料应完整；

3）有关安全、节能、环境保护和主要使用功能的检验结果应符合相应规定；

4）观感质量应符合要求。

分部工程的验收在其所含各分项工程验收的基础上进行。分部工程验收合格的条件是：分部工程所含的各分项工程已验收合格且相应的质量控制资料文件必须完整，这是验收的基本条件。此外，由于各分项工程的性质不尽相同，因此分部工程不能简单地将各分项工程组合进行验收，尚须增加以下两类检查项目：

1）涉及安全和使用功能的地基基础、主体结构及有关安全及重要使用功能的安装分部工程应进行有关见证取样送样试验或抽样检测。

2）观感质量验收。这类检查往往难以定量，只能以观察、触摸或简单量测的方式进行，并由各个人的主观印象判断，检查结果并不给出"合格"或"不合格"的结论，而是综合给出质量评价。对于评价为"差"的检查点应通过返修处理等补救。

（4）单位工程质量验收合格应符合下列规定：

1）所含分部工程的质量均应验收合格；

2）质量控制资料应完整；

3）所含分部工程有关安全、节能、环境保护和主要使用功能的检验资料应完整；

4）主要使用功能的抽查结果应符合相关专业质量验收规范的规定；

5）观感质量应符合要求。

单位工程质量验收也称质量竣工验收。委托监理的工程项目单位工程完工后，施工单位应组织有关人员进行自检。总监理工程师应组织各专业监理工程师对工程质量进行评估。存在施工质量问题时，应由施工单位整改。整改完毕后，由施工单位向建设单位提交工程竣工报告，申请工程竣工验收。

竣工验收是建筑工程投入使用前的最后一次验收，也是最重要的一次验收。主要使用功能在分项分部工程验收合格的基础上，竣工验收时再做全面检查。抽查项目是在检查资料文件的基础上由参加验收的各方人员商定，并由计量、计数的方法抽样检验，检验结果应符合有关专业验收规范的规定。单位工程观感质量检查记录中的质量评价结果"好""一般""差"可由各方协商确定，也可以按照检查点中有一处或多于一处"差"可评价为"差"，有60％及以上的检查点"好"可评价为"好"，其余情况可评价为"一般"。

（5）在施工过程的工程质量验收中发现质量不符合要求的处理办法

一般情况下，不合格现象在最基层的验收单位——检验批验收时就应发现并及时处理，否则将影响后续批和相关的分项工程、分部工程的验收。所有质量隐患必须尽快消灭在萌芽状态，这是以强化验收促进过程控制原则的体现。对质量不符合要求的处理分以下四种情况：

第一种情况，是指在检验批验收时，其主控项目不能满足验收规范或一般项目超过偏差限值的子项数不符合检验规定的要求时，应及时进行处理。其中，严重的缺陷应推倒重来。一般的缺陷通过返修或更换器具、设备予以处理，应允许在施工单位采取相应的措施消除缺陷后重新验收。重新验收结果如能够符合相应的专业工程质量验收规范要求，则应认为该检验批合格。

第二种情况，是指发现检验批的某些项目或指标（如试块强度等）不满足要求，难以确定可否验收时，应请具有法定资质的检测单位对工程实体检测鉴定。当鉴定结果能够达到设计要求时，该检验批应认为通过验收。

第三种情况，如对工程实体的检测鉴定达不到设计要求，但经原设计单位核算，仍能满足规范标准要求的结构安全和使用功能的情况，该检验批可予以验收。一般情况下，规范标准给出了满足安全和功能的最低限度要求，而设计往往在此基础上留有一些余量。不满足设计要求和符合相应规范标准的要求，两者并不一定矛盾。

第四种情况，更为严重的缺陷或者超过检验批的更大范围内的缺陷，可能影响结构的安全性和使用功能。若经具有法定资质的检测单位检测鉴定以后认为达不到规范标准的相应要求，即不能满足最低限度的安全储备和使用功能，则必须按一定的技术方案进行加固处理，使之能保证满足安全使用的基本要求。这样可能会造成一些永久性的缺陷，如改变结构外形尺寸，影响一些次要的使用功能等。为了避免社会财富更大的损失，在不影响安全和主要使用功能条件下可按处理技术方案和协商文件进行验收，责任方应承担经济责任。但应该特别指出，这种让步接受的处理办法不能滥用成为忽视质量而逃避责任的一种出路。通过返修或加固处理仍不能满足安全使用要求的分部工程、单位（子单位）工程，严禁验收。

2. 装配式混凝土建筑的施工质量验收

装配式混凝土建筑的施工质量验收，除了要符合一般建筑工程施工质量验收的规定以外，还有一些专门的要求。

（1）预制构件的质量验收

1）预制构件进场时应检查质量证明文件或质量验收记录。

2）梁板类简支受弯预制构件进场时应进行结构性能检验，结构性能检验应符合国家现行有关标准的有关规定及设计的要求。

3）钢筋混凝土构件和允许出现裂缝的预应力混凝土构件应进行承载力、挠度和裂缝宽度检验；不允许出现裂缝的预应力混凝土构件应进行承载力、挠度和抗裂检验。

4）对于不可单独使用的叠合板预制底板，可不进行结构性能检验。对叠合梁构件是否进行结构性能检验，结构性能检验的方式应根据设计要求确定。

5）不做结构性能检验的预制构件，施工单位或监理单位代表应驻厂监督生产过程。当无代表驻厂监督时，预制构件进场时应对其主要受力钢筋数量、规格、间距、保护层厚度及混凝土强度等进行实体检验。检验数量：同一类型预制构件不超过 1000 个为一批，每批随机抽取 1 个构件进行结构性能检验。

6）预制构件的混凝土外观质量不应有严重缺陷，且不应有影响结构性能和安装、使用功能的尺寸偏差。对出现的一般缺陷应要求构件生产单位按技术处理方案进行处理，并重新检查验收。

7）预制构件粗糙面的外观质量，键槽的外观质量和数量，预制构件上的预埋件、预留插筋、预留孔洞、预埋管线等规格型号、数量，应符合设计要求。

8）预制板类、墙板类、梁柱类构件、装饰构件的装饰外观外形尺寸偏差和检验方法应符合现行标准《装配式混凝土建筑技术标准》GB/T 51231 的规定。

（2）安装连接的质量验收

1）装配式结构采用后浇混凝土连接时，构件连接处后浇混凝土的强度应符合设计要求，并应符合现行标准《混凝土强度检验评定标准》GB/T 50107 的有关规定。

2）钢筋采用套筒灌浆连接、浆锚搭接连接时，灌浆应饱满、密实，所有出口均应出浆，灌浆料强度应符合国家现行有关标准的规定及设计要求。

3）预制构件底部接缝坐浆强度应满足设计要求。

4）钢筋采用机械连接、焊接连接时，其接头质量应符合现行行业标准的有关规定。

5）预制构件型钢焊接连接的型钢焊缝的接头质量，螺栓连接的螺栓材质、规格、拧紧力矩均应满足设计要求，并应符合现行国家标准的有关规定。

6）装配式结构分项工程的外观质量不应有严重缺陷，且不得有影响结构性能和使用功能的尺寸偏差。施工尺寸偏差及检验方法应符合设计要求；当设计无要求时，应符合现行标准《装配式混凝土建筑技术标准》GB/T 51231 的规定。

7）装配式混凝土建筑的饰面外观质量应符合设计要求，并应符合现行国家标准的有关规定。

第3节　建筑施工企业安全生产标准化建设

4.3.1　企业安全岗位责任制

建筑施工安全生产标准化是指建筑施工企业在建筑施工活动中，贯彻执行建筑施工安全法律法规和标准规范，建立企业和项目安全生产责任制，制定安全管理制度和操作规程，监控危险性较大分部分项工程，排查治理安全生产隐患，使人、机、物、环始终处于安全状态，形成过程控制、持续改进的安全管理机制。

1. 安全生产管理机构

（1）建筑施工企业应按规定设置安全生产委员会，安全生产委员会由本单位的主要负责人、安全生产管理职能部门和其他相关部门负责人、安全管理人员以及工会代表组成。未建立工会组织的，由职工推选代表参加，安全生产委员会每半年至少召开一次会议。

（2）建筑施工企业应按规定设置安全生产管理机构、配备企业和项目专职安全生产管理人员。

2. 建立健全安全生产管理人员岗位责任制度

安全生产管理人员包括项目经理、技术负责人、生产经理、商务经理、安全负责人、施工员、安全员、作业人员等，各自均有其各自的岗位职责。

3. 危险源识别与管理制度

危险源是指工程项目及其施工方案中，具有潜在能量和物质释放危险的、可造成人员伤害、财产损失或环境破坏的，在一定的触发因素作用下可转化为事故的部位、区域、场所、空间、岗位、设备及其位置。重大危险源是指能导致较大以上事故发生的危险源。

（1）涉及重大危险源施工时，专项施工方案实施进度情况应逐旬报告。

（2）项目部根据实际情况，配备人员检测监控、进行动态管理，及时处理存在的安全隐患，并建立重大危险源安全管理档案。

（3）对存在重大危险源的分部分项工程，项目部在施工前必须编制专项施工方案，专项施工方案由项目部技术部门安全技术人员及监理单位安全专业监理工程师进行审核，由项目部技术负责人、监理单位总监理工程师签字。

（4）制定切实可行的实施办法，指定专人对每一个重大危险源进行卡控。全面掌握重大危险源的管理情况，定期对各类重大危险源开展专项安全检查，对存在缺陷和事故隐患的重大危险源要采取有效措施进行治理整改，消除危险危害因素、确保安全生产。检查中发现存在的缺陷和安全隐患，必须制定整改方案，落实整改措施和整改责任人、立即整改，并采取切实可行的安全措施，防止事故的发生。如重大危险源工程施工中发生安全质量问题，还要有安全质量分析会内容和事故处理报告以及下步的整改措施记录等资料。

（5）成立重大危险源安全管理领导小组，制定事故应急救援预案。项目部根据应急救援预案，制定演练方案和组织人员进行演练，做好演练记录，并进行评价、总结、完善预案。

（6）重大危险源的动态管理包括：监测人员定期对重大危险源进行监测，及时汇总监测数据，用于指导施工。安全质量部（简称安质部）每天对重大危险源进行检查，并做好检查记录，发现问题时及时下发隐患整改通知书，并督促责任部门尽快完成整改，整改完成后进行复查，如果复查不合格，需督促其继续整改，直至复查合格且符合要求为止。每月组织两次各部门联合检查，各部门进行互检，对发现的隐患下发隐患整改通知书，并督促责任部门尽快完成隐患整改。

（7）对尚未开工的重大危险源工程实行动态管理，条件成熟需要开工时，必须履行相关程序，专项施工方案、安全措施、专家论证等必须齐全有效，同时技术安全交底必须到位，现场各方面条件达到标准后才能开工。开工立即进入正常的管理程序，纳入重大危险源的检查范围。

（8）在重大危险源现场设置明显的安全警示标识。

（9）项目部及时总结重大危险源管理经验，形成重大危险源控制技术标准，提高重大危险源管理水平。

4. 安全专项施工方案管理制度

对基坑支护与降水工程、土方开挖工程、模板工程、起重吊装工程、脚手架工程、临时用电工程、爆破工程等危险性较大工程，必须编制专项施工方案，并附必要的计算书，经公司技术负责人、总监理工程师签字后，由专职安全生产管理人员监督实施。对涉及地下暗挖工程、深基坑工程、高大模板工程、30m 以上高空作业工程、爆破工程的专项施工方案，必须由专家组对已编制的安全专项施工方案进行论证审查。专家组提出的书面论证审查报告应作为安全专项施工方案的附件。项目经理部根据论证审查报告进行完善，并经公司技术负责人、监理单位总监理工程师签字确认后，按照专项方案组织实施。公司要对施工的重点环节和重点施工内容进行重点监控，项目经理部严禁随意变动经过审查的施工方案。如确实需要改变方案，则必须重新履行审批程序。

5. 安全技术交底制度

专项方案实施前，项目经理部技术负责人（或方案编制人员）应向专项方案的实施组织者：施工员、实施人、作业人员进行安全技术交底。分部（分项）工程施工前，项目施工员向作业人员进行安全技术交底。安全技术交底是施工方案的进一步细化和补充，是对施工重要环节或工序的详细交代，要用通俗易懂的语言向作业人员进行交底。安全技术交底必须以书面形式进行，并经交接的双方签字确认，严禁代签字。

6. 安全检查制度

各单位要实行定期安全检查制度和召开安全生产例会，每月不少于一次；项目经理部每周至少进行一次由项目经理或项目生产经理或项目安全总监组织的全面安全检查和召开一次项目安全生产例会，并存留相关资料。项目负责人必须掌握当天的天气情况。如遇六级风以上及雨、雪等恶劣天气等，应暂停施工。恶劣天气过后，项目负责人要组织项目经理部相关职能部门、分包单位并会同监理单位进行全面的安全检查，确认施工现场无安全隐患或安全隐患已消除或已被控制后，方可恢复施工作业。项目经理部对检查出的事故隐患，必须按"四定"原则（定人、定时、定措施、定验收责任人）进行整改，做好书面记录，并存档。

7. 安全教育培训制度

制订年度培训计划，各单位、项目经理部都要制定安全教育培训制度。各单位每年要组织两次以上对管理人员的安全生产教育培训，教育培训考核不合格的，不得上岗，受教育者应签字确认。项目经理部必须建立安全教育培训档案，记录教育培训情况，严禁代签字。项目实现施工和管理人员受训率为 100%，特种作业人员经考核合格持证上岗率100%。项目安全教育和培训实行自行组织与委托外培相结合的原则，作业人员进入新的岗位或新的施工现场前，应接受安全生产教育培训，未经教育培训或考核不合格的，不得上岗。

8. 特种作业人员持证上岗制度

特种作业人员必须持证上岗，本人应持证件的复印件，证件原件应存放项目经理部以备查验，做到人证相符。特种作业人员应按相关规定进行定期体检和年审。

9. 安全事故应急救援管理制度

（1）应急响应等级划分

1）根据事故的性质、严重程度、事态发展趋势和控制能力，事故应急响应实行三级响应机制。

一级响应：发生重大以上安全事故，或发生影响严重的较大安全事故。

二级响应：发生较大安全事故，或发生影响严重的一般安全事故。

三级响应：发生一般安全事故。

2）根据响应级别，现场救援行动实行分级指挥和领导。

一级响应的事故救援，由公司主管领导负责指挥和领导，公司办公室、安全质量、施工技术、设备物资等部门参加。

二级响应的事故救援，由公司副职领导负责指挥和领导，公司安全质量、施工技术、宣传、工会等部门参加。

三级响应的事故救援，由项目经理负责指挥和领导。

（2）应急救援组织

1）项目部成立事故应急救援组织机构，明确分工和职责。应急救援组织机构由项目经理、书记担任总指挥，项目副职担任副总指挥，安质、工程、材料设备、计划合同、财务、综合办等部门负责人参加，应急指挥办公室一般设在安质部，办公室主任由安全质量管理部长担任。

2）对于危险性较大的分部分项工程，根据工程特点和现场施工组织情况，也应成立相应的事故应急救援组织机构，在该工程完工后撤销。

（3）应急救援程序

1）事故应急响应程序，按过程分为事故报告、响应级别确定、应急启动、救援行动、应急恢复和应急结束六个过程。

2）一旦发生安全生产事故，工班、项目部必须按规定以最快速度上报相关部门。事故信息报告采用快报方式，主题鲜明，言简意赅，用词规范，逻辑严密，条理清楚。它一般包括以下要素：事故发生的时间、地点，事故单位名称，事故发生的简要经过，事故发生原因的初步判断，事故发生后采取的措施及事故控制的情况，事故报告单位等。紧急情况下，可先用电话口头报告，之后再采用文字报告。涉密信息应遵守相关规定。

3）根据事故发生的危害程度、事态发展趋势和控制能力确定应急响应级别，立即启动《应急预案》，成立现场抢险救援机构，开展事故救援行动。

4）应急救援行动主要包括指挥、通信联络、技术、抢险、后勤保障等，应在《应急预案》中详细规定各项行动的工作内容、执行人或小组、协调等事项。

5）应急恢复和应急结束。

（4）应急预案的编制

1）项目开工前，根据地质条件、重难点工程、主要施工方法、重大危险源等特点，项目部总工、安全总监共同组织安质、工程、材设等部门，编制本级《应急预案》，并经本级项目经理签字后报上级主管部门备案。

2）编制应急预案前，项目部安全质量管理部负责了解业主、监理单位和当地政府部门的相关事故应急救援体系，掌握当地有关医疗机构和急救机构的联系方式，编制预案时要结合这些因素。

3）对于危险性较大的分部分项工程，要针对工程具体地质条件、施工方法、危险源等特点，编制相应的《专项应急预案》，可以在编制《安全专项施工方案》时编写，作为《安全专项施工方案》的主要组成部分。

4）编制准备。全面分析本单位危险因素、可能发生的事故类型及事故的危害程度；排查事故隐患的种类、数量和分布情况，并在隐患治理的基础上，预测可能发生的事故类型及其危害程度；确定事故危险源，进行风险评估；针对事故危险源和存在的问题，确定相应的防范措施；客观评价本单位应急能力；充分借鉴国内外同行业事故教训及应急工作经验。

10. 安全事故处理制度

各单位、项目经理部必须建立安全事故应急救援预案，备足应急物资、器材和设备，保证通信畅通，并定期组织演练。项目经理部每月向各单位上报安全事故情况，由各单位建立工伤事故档案，每月向公司上报安全事故情况。发生生产安全事故不得瞒报。事故发生后，项目经理部必须及时向分公司上报，启动应急救援预案，采取有效措施，以防止事故扩大，保护事故现场，及时抢救受伤人员，主动配合政府主管部门调查处理。同时分公司要及时向公司安全生产办公室通报，及时传真事故快报表。各单位要按照相关规定做好事故善后工作，并按照"四不放过"原则对事故进行处理，安全生产条件的专项资金投入的比例占工程造价的 2.0%。

4.3.2   安全管理培训

（1）解决企业领导层对安全生产标准化建设工作重要性的认识，加强其对安全生产标准化工作的理解，从而使企业领导层重视该项工作，加大推动力度，监督检查执行进度。

（2）解决执行部门、人员操作的问题。培训评定标准的具体条款要求是什么？本部门、本岗位、相关人员应该做哪些工作？如何将安全生产标准化建设和企业日常安全管理工作相结合。

（3）加大安全生产标准化工作的宣传力度，充分利用企业内部资源广泛宣传安全生产标准化的相关文件和知识，加强全员参与度，解决安全生产标准化建设的思想认识和关键问题。

4.3.3   企业安全监督措施

安全监督措施是指企业进行生产活动时，必须编制安全措施，它是企业有计划地改善劳动条件和安全卫生设施，防止工伤事故和职业病的重要措施之一，对企业加强劳动保护、改善劳动条件、保障职工的安全和健康、促进企业生产经营的发展，都起着积极作用。

安全监督措施的范围应包括改善劳动条件、防止事故发生、预防职业病和职业中毒等内容，具体包括：

（1）安全技术措施

安全技术措施是预防企业员工在工作过程中发生工伤事故的各项措施，包括防护装置、保险装置、信号装置和防爆炸装置等。

（2）职业卫生措施

职业卫生措施是预防职业病和改善职业卫生环境的必要措施，包括防尘、防毒、防噪声、通风、照明、取暖、降温等措施。

（3）辅助用房间及设施

辅助用房间及设施是为了保证生产过程安全卫生所必需的房间及一切设施，包括更衣室、休息室、淋浴室、消毒室、妇女卫生室、厕所和冬期作业取暖室等。

（4）安全宣传教育措施

安全宣传教育措施是为了宣传普及有关安全生产法律、法规、基本知识所需要的措施；其主要内容包括安全生产教材、图书、资料，安全生产展览，安全生产规章制度，安全操作方法训练设施，劳动保护和安全技术的研究与实验等。

4.3.4   企业安全生产标准化考评

建筑施工安全生产标准化考评包括建筑施工项目安全生产标准化考评和建筑施工企业安全生产标准化考评。国务院住房和城乡建设主管部门监督指导全国建筑施工安全生产标准化考评工作。县级以上地方人民政府住房和城乡建设主管部门负责本行政区域内建筑施工安全生产标准化考评工作。县级以上地方人民政府住房和城乡建设主管部门可以委托建筑施工安全监督机构具体实施建筑施工安全生产标准化考评工作。建筑施工安全生产标准化考评工作应坚持客观、公正、公开的原则。鼓励应用信息化手段开展建筑施工安全生产标准化考评工作。

1. 企业考评

（1）建筑施工企业应当建立健全以法定代表人为第一责任人的企业安全生产管理体

系，依法履行安全生产职责，实施企业安全生产标准化工作。

（2）建筑施工企业应当成立企业安全生产标准化自评机构，每年主要依据《施工企业安全生产评价标准》JGJ/T 77—2010 等开展企业安全生产标准化自评工作。

（3）对建筑施工企业颁发安全生产许可证的住房和城乡建设主管部门或其委托的建筑施工安全监督机构（以下简称"企业考评主体"）负责建筑施工企业的安全生产标准化考评工作。

（4）企业考评主体应当对取得安全生产许可证且许可证在有效期内的建筑施工企业实施安全生产标准化考评。

（5）企业考评主体应当对建筑施工企业安全生产许可证实施动态监管时，同步开展企业安全生产标准化考评工作，指导监督建筑施工企业开展自评工作。

（6）建筑施工企业在办理安全生产许可证延期时，应当向企业考评主体提交企业自评材料。企业自评材料主要包括：

1）企业承建项目台账及项目考评结果；

2）企业主要依据《施工企业安全生产评价标准》JGJ/T 77—2010 等进行自评的结果；

3）企业近三年内因安全生产受到住房和城乡建设主管部门的奖惩情况（包括通报批评、行政处罚、通报表扬、表彰奖励等）；

4）企业承建项目发生生产安全责任事故情况；

5）省级及以上住房和城乡建设主管部门规定的其他材料。

（7）企业考评主体收到建筑施工企业提交的材料后，经查验符合要求的，以企业自评为基础，以企业承建项目安全生产标准化考评结果为主要依据，结合安全生产许可证动态监管情况对企业安全生产标准化工作进行评定，在 20 个工作日内向建筑施工企业发放企业考评结果告知书。评定结果为"优良""合格"及"不合格"。企业考评结果告知书应包括企业考评年度及企业主要负责人信息。评定结果为不合格的，应当说明理由，责令限期整改。

（8）建筑施工企业具有下列情形之一的，安全生产标准化评定为不合格：

1）未按规定开展企业自评工作的；

2）企业近三年所承建的项目发生较大及以上生产安全责任事故的；

3）企业近三年所承建的已竣工项目不合格率（不合格率是指企业近三年作为项目考评不合格责任主体的竣工工程数量与企业承建已竣工工程数量之比）超过 5% 的；

4）省级及以上住房和城乡建设主管部门规定的其他情形。

（9）各省级住房和城乡建设部门可结合本地区实际确定建筑施工企业安全生产标准化优良标准。安全生产标准化评定为优良的建筑施工企业数量，原则上不超过本年度拟办理安全生产许可证延期企业数量的 10%。

（10）企业考评主体应当及时向社会公布建筑施工企业安全生产标准化考评结果。

跨地区承建工程项目的建筑施工企业，项目所在地省级住房和城乡建设主管部门可以参照此办法对该企业进行考评，考评结果及时转送至该企业注册地省级住房和城乡建设主管部门。

（11）建筑施工企业在办理安全生产许可证延期时，未提交企业自评材料的，视同企业考评不合格。

2. 奖励和惩戒

（1）建筑施工安全生产标准化考评结果作为政府相关部门进行绩效考核、信用评级、诚信评价、评先推优、投融资风险评估、保险费率浮动等重要参考依据。

（2）政府投资项目招标投标应优先选择建筑施工安全生产标准化工作业绩突出的建筑施工企业及项目负责人。

（3）住房和城乡建设主管部门应当将建筑施工安全生产标准化考评情况记入安全生产信用档案。

（4）对于安全生产标准化考评不合格的建筑施工企业，住房和城乡建设主管部门应当责令限期整改，在企业办理安全生产许可证延期时，复核其安全生产条件，对整改后具备安全生产条件的，安全生产标准化考评结果为"整改后合格"，核发安全生产许可证；对不再具备安全生产条件的，不予核发安全生产许可证。

（5）对于安全生产标准化考评不合格的建筑施工企业及项目，住房和城乡建设主管部门应当在企业主要负责人、项目负责人办理安全生产考核合格证书延期时，责令限期重新考核，对重新考核合格的，核发安全生产考核合格证；对重新考核不合格的，不予核发安全生产考核合格证。

（6）经安全生产标准化考评合格或优良的建筑施工企业及项目，发现有下列情形之一的，由考评主体撤销原安全生产标准化考评结果，直接评定为不合格，并对有关责任单位和责任人员依法予以处罚。

1）提交的自评材料弄虚作假的；

2）漏报、谎报、瞒报生产安全事故的；

3）考评过程中有其他违法违规行为的。

第4节　项目工程安全标准化建设

4.4.1　项目安全体系的建立

1. 领导决策

最高管理者亲自决策，以便获得各方面的支持，有助于获得体系建立过程中所需的资源。

2. 成立工作组

最高管理者或授权管理者代表组建工作小组，负责建立体系。工作小组的成员要覆盖组织的主要职能部门，组长负责协调各职能部门间人力、资金、信息获取工作。

3. 人员培训

培训的目的是使有关人员具有完成对职业健康与环境有影响的任务的相应能力，了解建立体系的重要性，了解标准的主要思想和内容。

4. 初始状态评审

初始状态评审是对组织过去和现在的职业健康安全与环境的信息、状态进行收集、调查分析、识别，获取现行法律法规和其他要求，进行危险源辨识和风险评价、环境因素识别和重要环境因素评价。评审结果将作为确定职业健康安全与环境方针、制定管理方案、编制体系文件的基础。初始状态评审的内容包括：

（1）辨识工作场所中的危险源和环境因素。

（2）明确适用的有关职业健康安全与环境法律、法规和其他要求。

（3）评审组织现有的管理制度，并与标准进行对比。

（4）评审过去的事故，进行分析评价，检查组织是否建立了处罚和预防措施。

（5）了解相关方对组织在职业健康安全与环境管理工作的看法和要求。

5. 制定方针和管理方案

方针是组织对其职业健康安全与环境行为的原则和意图的声明，也是组织自觉承担其责任和义务的承诺。方针不仅为组织确定了总的指导方向和行动准则，而且是评价一切后续活动的依据，并为更加具体的目标和指标提供一个框架。

管理方案是实现目标、指标的行动方案。为保证职业健康安全和环境管理体系目标的实现，需结合年度管理目标和企业客观实际情况，策划制定职业健康安全和环境管理方案，方案中应明确旨在实现目标、指标的相关部门的职责、方法、时间表以及资源的要求。

6. 管理体系策划与设计

管理体系策划与设计是依据制定的方针、目标和指标、管理方案确定组织机构职责和筹划各种运行程序。策划与设计的主要工作有：

（1）确定文件结构。

（2）确定文件编写格式。

（3）确定各层文件名称及编号。

（4）制定文件编写计划。

（5）安排文件的审查、审批和发布工作。

7. 体系文件编写

（1）体系文件编写的原则

安全管理体系是系统化、结构化、程序化的管理体系，是遵循 PDCA 管理模式并以文件为支持的管理制度和管理办法。

体系文件编写和实施应遵循以下原则：标准要求的要写到、文件写到的要做到、做到的要有有效记录。

（2）管理手册的编写

管理手册是对组织整个管理体系的整体性描述，为体系的进一步展开以及后续程序文件的制定提供了框架要求和原则规定，是管理体系的纲领性文件。手册可使组织的各级管理者明确体系概况，了解各部门的职责权限和相互关系，以便统一分工和协调管理。

管理手册除了反映了组织管理体系需要解决的问题所在，也反映了组织的管理思路和理念，同时也向组织内外部人员提供了查询所需文件和记录的途径，相当于体系文件的索引。

其主要内容包括：

1）方针、目标、指标、管理方案。

2）管理、运行、审核和评审工作人员的主要职责、权限和相互关系。

3）关于程序文件的说明和查询途径。

4）关于管理手册的管理、评审和修订工作的规定。

8. 文件的审查、审批和发布

文件编写完成后应进行审查，经修改、汇总后进行审批，然后发布。

4.4.2 项目安全生产标准化建设

安全生产标准化建设流程包括策划准备及制定目标、教育培训、现状梳理、管理文件制修订、实施运行及整改、企业自评、评审申请、外部评审八个阶段。

1. 策划准备及制定目标

（1）成立领导小组，由企业主要负责人担任领导小组组长，所有相关的职能部门的主要负责人作为成员，确保安全生产标准化建设组织保障；成立执行小组，由各部门负责人、工作人员共同组成，负责安全生产标准化建设过程中的具体问题。

（2）制定安全生产标准化建设目标，并根据目标来制定、推进方案，分解落实达标建设责任，确保各部门在安全生产标准化建设过程中任务分工明确，顺利完成各阶段工作目标。

2. 教育培训

（1）教育培训解决企业领导层对安全生产标准化建设工作重要性的认识，加强其对安全生产标准化工作的理解，从而使企业领导层重视该项工作，加大推动力度，监督检查执行进度。

（2）教育培训解决执行部门、人员操作的问题，例如，培训评定标准的具体条款要求是什么，本部门、本岗位、相关人员应该做哪些工作，如何将安全生产标准化建设和企业日常安全管理工作相结合。

（3）加大安全生产标准化工作的宣传力度，充分利用企业内部资源广泛宣传安全生产标准化的相关文件和知识，加强全员参与度，解决安全生产标准化建设的思想认识和关键问题。

3. 现状梳理

（1）对照相应专业评定标准（或评分细则），对企业各职能部门及下属各单位安全管理情况、现场设备设施状况进行现状摸底，摸清各单位存在的问题和缺陷；

（2）对于发现的问题，定责任部门、定措施、定时间、定资金，及时进行整改并验证整改效果。现状摸底的结果可作为企业安全生产标准化建设各阶段进度任务的针对性依据。

（3）企业要根据自身经营规模、行业地位、工艺特点及现状摸底结果等因素及时调整达标目标，注重建设过程，真实有效可靠，不可盲目一味追求达标等级。

（4）梳理过程，主要关注点及注意事项如下：

1）整理归纳日常安全生产管理工作，包括安全生产管理的制度文件、记录表单、统计表单及相关安全生产技术控制措施等。充分对现有安全生产管理情况进行现状摸底；

2）与相应行业《评定标准》（或评分细则）进行对照，评估安全生产标准化建设工作难度及工作量；

3）结合标准内容，进行查缺补漏，缺少的及时补充，已有但不满足标准化要求的及时进行修订，对于发现的问题及时整改并验证结果；

4）形成安全生产标准化修正方案，持续改进。

4. 管理文件制修订

（1）以各部门为主，针对梳理和现状摸底所发现的问题，准确判断管理文件亟待加强和改进的薄弱环节，提出有关文件的修订计划，并标准化执行小组对管理文件的修订进行把关。

（2）企业应该按照本企业适用的行业《评定标准》（或评分细则）对应的 13 个一级要素和 42 个二级要素进行分析，整理要素大纲，确定适用于本单位的有关条款，根据自身行业及地区所属的安全生产标准化相关规定，逐条对照，完善公司的管理文件。

1）编制完成公司安全生产标准化管理手册。

2）程序性文件编制，依靠文件控制各部门标准化进程。

①制定标准化管理文件编写计划并在小组内分工。

②就文件的格式、内容和支持性文件以及记录（表）格式化，审批，发布等程序文件应予以明确规定。

3）执行性文件编制。

①确定所有涉及标准化的文件清单，建立企业制度与《评定标准》（或评分细则）要求至少 50 余项规章制度的对照表。

②设计出管理制度、操作规程、作业指导书和记录（表）的形式。

4）各部门配备文件管理员（或兼职），在评审时可出具。

（3）范例：《××企业具体的年度安全目标》。

1）全年因工轻伤及其以上人身伤害事故为零、每 20 万工作小时工伤事故损失频率不大于 2、可记录的事故比 2010 年减少 10%；重大设备、火灾、爆炸以及交通事故为零；发现职业病病例为零；一般环境污染事故为零。

2）"三项岗位人员"持证率 100%；特种设备定期检验率 100%；事故隐患及时整改率 100%；岗位尘毒合格率 90%；环保设施有效运行率、同步运行率达到 90% 以上。

5. 实施运行及整改

企业根据修订后的安全管理文件在日常工作中进行实际运行，按照有关程序对运行中发现的问题及时进行整改，并予以完善。具体工作步骤及内容如下：

（1）学习安全生产标准化方案文件，使各部门人员明确自身职责、该怎么做、如何做。

（2）试运行前的准备工作。

1）检查各部门协调的资源配置。

2）加强宣传。

3）增加现场标志标识（标准化方面）。

4）制定完整的运行计划。

（3）下达实施运行计划，宣布进行安全生产标准化试运行。

（4）对试运行符合性进行检查，提出纠正措施和预防措施，持续改进并对效果进行评估。

（5）正式实施运行，内部对实施效果进行交流沟通。

在正式运行阶段，需要企业不断完善各项管理制度，从管理创新入手，努力提高标准化管理水平，采取有效措施为标准化建设开路，同时应该从基础工作抓起，加强硬件和软件建设，建立安全标准化创建工作的奖励和约束机制，激发广大员工的创建工作热情。在具体的实施过程当中要有完整的运行、更改、宣传等记录表单。

6. 企业自评

企业在安全生产标准化系统运行一段时间后，依据评定标准由标准化执行小组组织相关人员，开展企业自主评定工作。

（1）成立自评机构。企业应成立专门的自评机构，应按照企业安全生产标准化建设时使用的本行业安全生产标准化评定标准进行自我评审。企业自评也可以邀请专业技术服务机构提供支持。

（2）制定自评计划，发现问题并整改。结合企业实际情况制定自评计划，开展自评工作，针对发现的问题制定整改计划及整改措施，并进行记录；整改完成后，继续按照评定标准进行重新自评，循序渐进，不断完善。

（3）形成自评报告。自评完成应形成自评报告，整改计划表及扣分汇总表，确定拟申请的等级，申请外部评审根据自评结果确定拟申请的等级，按相关规定到属地或上级安监部门办理外部评审推荐手续后，正式向相应评审组织单位递交评审申请。

7. 评审申请

企业在自评材料中，应当将每项考评内容的得分及扣分原因进行详细描述，要通过申请材料反映企业工艺及安全管理情况；按相关规定到属地或上级安监部门办理外部评审推荐手续后，在国家安全监管总局政府网站上向相应的评审组织单位递交评审申请。

8. 外部评审

外部评审时，一般由参与安全生产标准化建设执行部门的有关人员参加外部评审工作，也可邀请属地安全监管部门派员参加，这样便于安全监管部门监督评审工作，掌握评审情况，督促企业整改评审过程中发现的问题和隐患。

4.4.3　项目 PC 构件安全防护标准化

1. 构件运输安全防护

构件运输应执行专项施工方案中的有关安全技术要求。

（1）施工现场应根据构件运输车辆设置合理的回转半径和道路坡度，运输道路应满足构件运输车辆通行的承载力要求。

（2）进入施工现场内行驶的机动车辆，应按照专项方案中指定的线路和规定的速度进行安全行驶，严禁违章行驶、乱停乱放；司乘人员应做好自身的安全防护，遵守现场安全文明施工管理规定。

（3）装载构件时，应采取保证车体平衡的措施；托架、车厢板与预制混凝土构件间应设置保护衬垫；构件应用钢丝绳或夹具与托架绑扎，构件边角或与钢丝绳、夹具、锁链接触部位的混凝土应采用柔性垫衬材料保护。

（4）预制构件的运输车辆应满足构件尺寸和载重要求。

（5）梁、板、柱、楼梯和阳台等构件宜采用水平运输；水平运输时，预制梁、柱构件叠放不宜超过 2 层，板类构件叠放不宜超过 6 层；预制墙板、预制梁墙一体等构件宜采用立式运输，并使用支架固定。

（6）构件装卸时应充分考虑构件的装卸顺序，保证车辆平衡；构件装卸时挂吊钩、就位摘取吊钩应设置登高工具，或采取其他防护措施，严禁沿支承架或构件攀爬。

（7）同一运输车辆构件分区堆放时，部分构件卸车后，剩余构件应重新固定，经检验满足安全要求后再次运输。

（8）当在有坡度的运输道路上装卸构件时，应采取防止车辆溜滑的措施。

2. 构件存放安全防护

（1）构件吊装前，应按规格、种类、使用部位和吊装顺序等分类存放于专门设置的构件存放区；存放区应设置围护设施，并设置标牌和警示牌。

（2）预制构件存放时，预埋吊件应朝上或朝外，标识宜朝向堆垛间的通道，不得随意颠倒堆放方向；存放预应力构件时，应根据构件起拱值的大小和堆放时间采取相应措施。

（3）预制水平类构件和预制柱可采用叠放方式，层与层之间应垫平、垫实，各层垫块应上下对齐，底部宜设置托架或垫木；采用垫木时，垫木距构件端距离宜大于 200mm，且垫木之间距离不宜大于 1600mm，堆放时间不宜超过 2 个月；构件支垫应坚实，垫块支点宜与脱模、起吊位置一致。

（4）重叠堆放构件时，堆垛层数应根据构件强度、垫块的承载力等确定；预制楼板、叠合板、大型屋面板、阳台板和空调板等构件宜平放，叠放层数不宜超过 6 层；预制梁、柱堆放层数不宜超过 2 层；堆垛间应留不小于 2m 的通道。

（5）预制内外墙板、挂板宜采用专用支架直立存放，支架应有足够的强度和刚度，薄弱构件、构件薄弱部位和门窗洞口应采取防止变形开裂的临时加固措施。

（6）预制构件应采取措施避免构件倾覆，严禁采用未加任何侧向支撑的立式架放置预制墙板等构件；对于超高、超宽和形状特殊的大型构件的堆放应采取针对性的支撑和垫衬措施。

3. 高处作业安全防护

（1）在装配式混凝土建筑专项施工方案及作业指导书中应明确高处作业的安全技术措施及其所需材料和工具。

（2）高处作业中的安全标志、工具、仪表、电气设施和各种设备，应在施工前进行检查，确认完好后方能投入使用。

（3）高处作业使用的工具和零配件等应放入工具袋防止掉落；不得从高空或地面抛掷物件，应使用绳索或吊篮等传递物件。

（4）高处作业平台临边应设置不低于 1.2m 的防护栏杆，并应采用密目式安全网或工具式栏板封闭。

（5）预制构件安装进行攀登作业时，攀登作业设施和用具应牢固可靠；坠落高度大于等于 2m 时，应有可靠防护措施。

（6）预制构件安装采用移动式升降工作平台时，应符合《移动式升降工作平台-设计计算、安全要求和测试方法》GB 25849—2010 和《移动式升降工作平台　安全规则、检查、维护和操作》GB/T 27548—2011 等的要求。

4. 外防护

（1）临边作业时，应按专项施工方案设置满足施工安全需要的防护设施。

（2）外防护设施附墙点或受力点宜设置在现浇部位，当设置在预制构件位置时，预留预埋应在预制构件设计时确定。

（3）外防护设施应与主体结构可靠连接，应设有防倾覆、防坠落等安全装置，防护设施的安装和拆除应由专业人员操作，经检验检测和验收合格后方可使用。详见图 4-5 装配式住宅外挂架、固定螺栓细部做法。

图 4-5　装配式住宅外挂架、固定螺栓细部做法

（4）装配式建筑工程外防护宜采用整体式操作架、围挡式安全隔离或外挂式防护架。

（5）附着式升降脚手架、围挡式安全隔离和外挂式防护架在吊升安装阶段，吊升区域下方应设置安全警示区域，安排专人监护，人员不得随意进入。详见图 4-6 附着式升降脚手架。

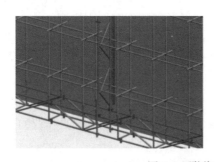

图 4-6　附着式升降脚手架

（6）外挂式防护架应采用穿墙螺杆、螺母、钢板垫片与预制墙体进行紧固连接，每一接触面处不得少于 2 道穿墙螺杆。

（7）当建筑物周边搭设落地式或悬挑式脚手架时，所用的杆件、节点连接件等构配件应配套使用，并应能满足组架方法和构造要求。详见图 4-7 临边防护及平面洞口防护。

（8）装配式建筑楼层临边防护可采用预埋件连接钢管或定型网片等其他形式。

（9）阳台、楼梯间、电梯井、卸料台、楼层临边防护及平面洞口等的防护应符合《建筑施工高处作业安全技术规范》JGJ 80—2016 的有关要求。详见图 4-7 临边防护及平面洞口防护。

（10）当临街通道、场内通道、出入建筑物通道、施工电梯及物料提升机地面进料口作业通道处于坠落半径内或处于起重机起重臂回转范围内时，应设置防护棚或防护通道。

4.4.4　项目施工安全标准化考评

（1）建筑施工企业应当建立健全以项目负责人为第一责任人的项目安全生产管理体系，依法履行安全生产职责，实施项目安全生产标准化工作。建筑施工项目实行施工总承包的，施工总承包单位对项目安全生产标准化工作负总责。施工总承包单位应当组织专业

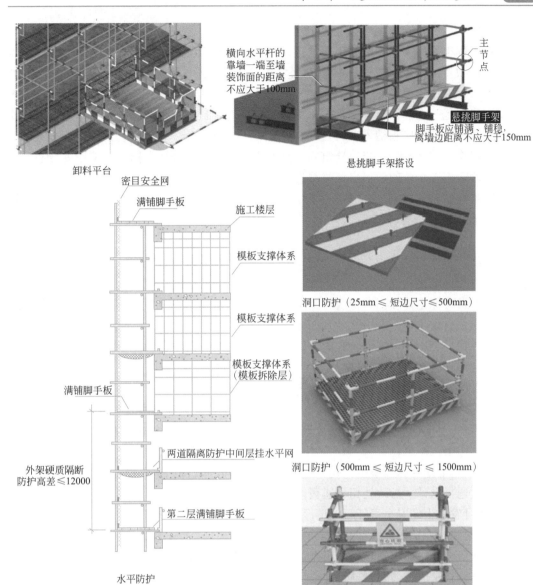

卸料平台

横向水平杆的靠墙一端至墙装饰面的距离不应大于100mm

悬挑脚手架

脚手板应铺满、铺稳，离墙边距离不应大于150mm

主节点

悬挑脚手架搭设

密目安全网

满铺脚手板

施工楼层

模板支撑体系

模板支撑体系

模板支撑体系（模板拆除层）

满铺脚手板

两道隔离防护中间层挂水平网

外架硬质隔断防护高差≤12000

第二层满铺脚手板

水平防护

洞口防护（25mm ≤ 短边尺寸≤500mm）

洞口防护（500mm ≤ 短边尺寸 ≤1500mm）

洞口防护（短边尺寸≥1500mm）

楼层临边防护

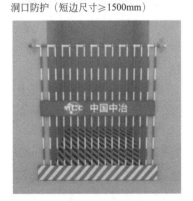

电梯井口门洞防护示意图

图 4-7　临边防护及平面洞口防护

承包单位等开展项目安全生产标准化工作。

（2）工程项目应当成立由施工总承包及专业承包单位等组成的项目安全生产标准化自评机构，在项目施工过程中每月主要依据《建筑施工安全检查标准》JGJ 59—2011 等开展安全生产标准化自评工作。

（3）建筑施工企业安全生产管理机构应当定期对项目安全生产标准化工作进行监督检查，检查及整改情况应当纳入项目自评材料。

（4）建设、监理单位应当对建筑施工企业实施的项目安全生产标准化工作进行监督检查，并对建筑施工企业的项目自评材料进行审核并签署意见。

（5）对建筑施工项目实施安全生产监督的住房和城乡建设主管部门或其委托的建筑施工安全监督机构（以下简称"项目考评主体"）负责建筑施工项目安全生产标准化考评。

（6）项目考评主体应当对已办理施工安全监督手续并取得施工许可证的建筑施工项目实施安全生产标准化考评。

（7）项目考评主体应当对建筑施工项目实施日常安全监督时同步开展项目考评工作，指导监督项目自评工作。

（8）项目完工后办理竣工验收前，建筑施工企业应当向项目考评主体提交项目安全生产标准化自评材料。

项目自评材料主要包括：

1）项目建设、监理、施工总承包、专业承包等单位及其项目主要负责人名录；

2）项目主要依据《建筑施工安全检查标准》JGJ 59—2011 等进行自评结果及项目建设、监理单位审核意见；

3）项目施工期间因安全生产受到住房和城乡建设主管部门奖惩情况（包括限期整改、停工整改、通报批评、行政处罚、通报表扬、表彰奖励等）；

4）项目发生生产安全责任事故情况；

5）住房和城乡建设主管部门规定的其他材料。

（9）项目考评主体收到建筑施工企业提交的材料后，经查验符合要求的，以项目自评为基础，结合日常监管情况对项目安全生产标准化工作进行评定，在 10 个工作日内向建筑施工企业发放项目考评结果告知书。评定结果为"优良""合格"及"不合格"。项目考评结果告知书中应包括项目建设、监理、施工总承包、专业承包等单位及其项目主要负责人信息。评定结果为不合格的，应当在项目考评结果告知书中说明理由及项目考评不合格的责任单位。

（10）建筑施工项目具有下列情形之一的，安全生产标准化评定为不合格：

1）未按规定开展项目自评工作的；

2）发生生产安全责任事故的；

3）因项目存在安全隐患在一年内受到住房和城乡建设主管部门 2 次及以上停工整改的；

4）住房和城乡建设主管部门规定的其他情形。

（11）各省级住房和城乡建设部门可结合本地区实际确定建筑施工项目安全生产标准化优良标准。安全生产标准化评定为优良的建筑施工项目数量，原则上不超过所辖区域内本年度拟竣工项目数量的 10%。

（12）项目考评主体应当及时向社会公布本行政区域内建筑施工项目安全生产标准化考评结果，并逐级上报至省级住房和城乡建设主管部门。建筑施工企业跨地区承建的工程项目，住房和城乡建设主管部门应当及时将项目的考评结果转送至该企业注册地省级住房和城乡建设主管部门。

（13）项目竣工验收时建筑施工企业未提交项目自评材料的，视同项目考评不合格。

参 考 文 献

[1] 江苏省建设教育协会. 标准员专业管理实务 [M]. 2版. 北京：中国建筑工业出版社，2018.

[2] 中国土木工程学会总工程师工作委员会. 绿色施工技术与工程应用 [M]. 北京：中国建筑工业出版社，2018.